Kazuhiro OKUMA:
Is Green Growth Possible ?
Institutional and evolutionary economic analysis
on the economic growth and environmental policy

グリーン成長は
可能か?

経済成長と環境対策の制度・進化経済分析

大熊一寛

藤原書店

目　次

グリーン成長は可能か？

はじめに ⋯⋯⋯⋯⋯⋯⋯⋯⋯⋯⋯⋯⋯⋯⋯⋯⋯⋯⋯⋯⋯⋯⋯ 7

　　経済成長と環境対策をめぐる思考の分断をこえて　7
　　制度と進化の経済学からのアプローチ　9
　　理論的枠組みの構築と歴史的な実証分析　10
　　本書の構成　11

序章　問題認識とアプローチ ⋯⋯⋯⋯⋯⋯⋯⋯⋯⋯⋯⋯ 15

　1　経済と環境の関係の歴史的な変化　15
　　1.1　世界の経済成長と環境への負荷　15
　　1.2　地域と時期ごとの経済成長と要因　18
　　1.3　日本における経済成長と環境対策の変化　21

　2　制度と進化の経済学からのアプローチ　24
　　2.1　分析の視点とアプローチ　25
　　2.2　先行研究との関係　27

第Ⅰ部　理論分析

第1章　社会経済システムを経済・人間・自然環境の 　　　　　再生産として理解する ⋯⋯⋯⋯⋯⋯⋯⋯ 33

　1　経済・人間・自然環境の三つの再生産の概念　33
　　1.1　三つの再生産とその相互関係　33
　　1.2　経済成長と再生産の変化　38

　2　三つの再生産に基づく生産システムの定式化　42

　3　環境対策とその費用の概念　46

　4　環境対策費用の定式化　49
　　　第1章のまとめ　53

第2章　制度的調整と成長レジーム ⋯⋯⋯⋯⋯⋯⋯⋯⋯ 55

　1　6番目の制度形態としての「経済・環境関係」　55

　2　制度的調整の動態　56

3　危機と制度階層性の下での制度変化　61

　　4　成長レジームとの関係　63

　　　　4.1　環境資源の消費増加による効果　65

　　　　4.2　環境対策費用の増加による効果　67

　　　　第2章のまとめ　69

第3章　環境経済分析のためのカレツキアン・モデル……71

　　1　環境対策費用と地代を組み込んだ基本モデル　72

　　2　資源輸入国のモデル　74

　　3　動学的な効果に関する分析　79

　　4　長期的関係についての考察　82

　　　　第3章のまとめ　85

第II部　日本における長期的変化

第4章　環境関係費用による分析 …………………………………89

　　1　環境関係費用の長期推計　89

　　2　時期ごとの経済・環境関係の特徴　93

　　　　2.1　1960年代から70年頃まで　93

　　　　2.2　1970年頃から1980年代前半まで　93

　　　　2.3　1980年代前半から2008年頃まで　94

　　　　第4章のまとめ　94

第5章　環境対策の経済効果の計量分析 ………………………97

　　1　モデルの調整及び係数の推定　97

　　2　期間ごとの分析　100

　　　　2.1　1975年から82年を中心とする期間　100

　　　　2.2　2001年から2008年までの期間　102

　　3　今後の環境対策の効果についての考察　105

　　　　第5章のまとめ　107

第6章　経済と環境の関係の長期的変化の解釈……………109

  1 1960年代から1970年頃まで　109

  2 1970年頃から1980年代前半まで　112

  3 1980年代前半から1990年頃まで　116

  4 1990年代から2008年頃まで　117

  5 2008年頃以降　121

  6 長期的な変化　125

    第6章のまとめ　127

終章　未来への展望 …………………………………129

  経済システムの制度的調整の必然性と直面する困難　129

  空間的・時間的乖離を乗り越える制度形成の可能性　130

  様々なレベルでの取り組みの前進　130

  成長レジームとの関係とグリーン成長の可能性　131

  外延的拡大の限界と危機　133

  真の豊かさのための経済領域　133

  幅広い連合と未来を見据えた橋頭堡づくり　135

  第二の大転換に向けて　135

  注　137

  参考文献　145

  【付録】統計データの出所と加工の方法　151

  おわりに　155

  図表一覧　158

グリーン成長は可能か？

経済成長と環境対策の制度・進化経済分析

はじめに

　人類の経済活動は，産業革命以降，急速な成長を続けてきた．その結果，地球の有限性が明らかになり，持続可能性の危機が指摘されるようになって久しいが，有効な対策は実現していない．そして今，気候変動が自然災害の激化を伴って顕在化する一方，経済成長を求める力もグローバルな資本主義の下で一層強まっている．

　私たちの未来はどうなるのだろうか？　地球環境の破局は避けられるのだろうか？　経済はこのまま成長を続けられるのだろうか？　環境対策によって経済を成長させる「グリーン成長」という考え方も生まれているが，それは果たして可能なのだろうか？

　経済と環境の関係は，これまでも様々な形で研究され議論されてきたが，私たちは答えを探し続けている．本書はこのテーマに，制度と進化の経済学（後述参照）に基づく独自のアプローチで接近し，理論と実証の両面から分析を行うことによって，新たな認識と展望を求めていく．

　その根底には，経済と環境の関係を，どちらか一方のロジックによって理解するのではなく，互いに影響しあいながら歴史の中で進化していくものとして理解する必要がある，という問題意識がある．

経済成長と環境対策をめぐる思考の分断をこえて

　近年，異常気象は世界的に日常のこととなり，日本でも観測史上例のない高温や豪雨が頻発している．世界の森林や生物の種の減少にも歯止めがかかっていない．地球環境の危機を訴える科学者の警鐘は厳しさを増しており，今日の経済活動が持続可能ではないことは既に明らかだ．私たちの未来はどうなるのかという不安が，行く手に立ちこめる暗雲のように広がってきている．

　一方で，世界の中心的な関心事は，引き続き経済成長である．投資マネー

は利潤の機会を求め世界を瞬時に移動している．成長率のわずかな変化と株価の動向に，経済界はもとより政治家や市民もが一喜一憂し，選挙や外交といった政治的なニュースすら，それがマーケットにどう影響するかといった文脈で報じられている．

これらは，いずれも私たちが目にしている現実である．互いに矛盾をはらんでいるように見えるが，ほとんどの場合，関連付けられることなく独立して存在している．これら二つの現実を前にして，私たちは，世界をどのように理解し，未来をどのように展望したら良いのだろうか．

どちらか一方の視点から世界を見ることもできる．例えば，いつか革新的な技術が開発されれば環境問題は解決されると考えて，経済成長を追求し続けることもできるし，逆に，地球環境は人類の生存基盤であるとの考えに立って，地球生態系の収容力の中で経済活動を行うための技術や対策のあるべき姿を論じることもできる．実際，経済と環境をめぐって私たちが目にする言説のほとんどは，これらのどちらかに属している．

しかし，前者については，これまで経済成長と技術進歩に伴って地球環境が悪化してきたのに，今後はこれらによって解決されるのだと言われても，はたして信じられるだろうか．後者については，これほど経済成長が追求されている現実があるのに，それを脇に置いて理想的な対策を描いてみても，実現できるのかという疑問は避けられない．

夢物語ではなく現実を踏まえた未来を模索しようとするとき，これら二つの思考の中に納得できる道しるべを見出すことは難しい．未来への展望を誠実に探そうとするならば，私たちは，「地球生態系の危機」と「経済成長の追求」という二つの現実を前に，一方から目をそらすのではなく両方を同時に見据えて，経済と環境の関係を根本から問い直す必要に迫られる．

2008年の世界経済危機の後，環境対策によって経済を成長させようという「グリーン成長」や「グリーン・ニューディール」という理念が生まれてきた．各国や国際機関で議論され，経済と環境を両立させる理念として国際的に脚光を浴びてきた．経済が落ち着きを取り戻し，提唱者だったオバマ政権の勢いも弱まる中，後景に退きつつあるようにも見えるが，分断されている経済成長と環境対策の議論を橋渡しする理念として，貴重なヒントを提供

してくれている．「グリーン成長」ははたして可能なのだろうか．それはどのようにして，どの程度まで可能なのだろうか．その可能性と限界を理論的に明らかにすることが，本書の一つの焦点となる．

制度と進化の経済学からのアプローチ

現実を理解するためには理論が必要となる．直感だけで理解するには，世界はあまりに複雑すぎる．言説の鵜呑みや先入観に陥るのではなく，世界を自分自身で理解しようとするならば，何らかの理論や概念の助けを借りて，その断面を切り取る作業が必要なのである．

経済と環境に関して私たちが目にする言説の背景にも，明示的にせよ暗示的にせよ理論が存在し，思考の枠組みに大きな影響を与えている．経済成長の重要性を強調する言説の背景には主として経済学がある．そこでは，効率的な資源配分を実現してくれる市場メカニズムが前提とされ，環境もその中で取り引きされるべき一要素として認識される．いわば，経済が環境を包含し，上位にある．地球の有限性を強調する言説の背景には各種の環境科学がある．そこでは，物理学的，熱力学的あるいは生態学的システムとしての地球の特性が前提とされ，経済活動はその範囲内で維持されるべきものとして認識される．すなわち，環境が経済を包含し，上位にある．それらは，出発点となっている世界の認識の仕方が異なるため，議論が同じ平面上で交わることは難しい．

環境経済学は，「環境問題に関する経済学」として広義で捉えた場合，経済の原理と環境の原理の双方を視野に入れた認識を生み出しうる位置にある．しかし，市場メカニズムによる均衡という理論的前提に縛られると，例えば，市場の力を活用する政策手法の設計論のみに集中するなど，結果的に経済の原理の下で環境を扱うことになる場合がある．

経済と環境の関係を根本から捉えなおすためには，その基礎となる理論から問い直すことが必要になる．経済と環境のどちらか一方を上位に置くのではなく，並列的に存在し，相互に作用しあいながら歴史的に進化していく二つのシステムとして理解するのである．そのための理論的な基礎として，本書は，制度と進化の経済学からアプローチする．市場メカニズムを絶対視す

るのではなく，制度による調整と時間軸の中での変化を重視する視角が，経済を相対化し，自然や社会との間で相互作用しつつ変化していくものとして理解することを可能にしてくれる．これは，環境経済学において，制度と進化の視点を重視したアプローチを強化していこうとする試みであるとも言える．

理論的枠組みの構築と歴史的な実証分析

　制度と進化の経済学には多様な潮流が含まれるが，その中で，本書はレギュラシオン理論とポスト・ケインズ派理論（とりわけカレツキアン・モデル）に依拠する．これらはともに主としてマクロ経済的問題に関心を持って発展してきた理論であり，前者は制度的調整と成長の関係の歴史的分析に，後者は社会的関係を考慮した成長モデルによる分析に優れ，相互に親和性を持つ．これらを補完的に組み合わせることによって，経済と環境を分析するための理論的枠組みの構築を図っていく．この枠組みを強固なものとするための土台として，本書は経済人類学者カール・ポランニーの着想から出発する．こうしたアプローチを用いる理由と意義については，序章2において，より詳しく述べる．

　本書の目的は，私たちが直面している現実について理解することにある．このために本書は，理論的基礎の上に立って実証分析を行う．高い経済成長，深刻な公害と集中的な対策を経験してきた日本は，経済成長と環境対策の関係，特にグリーン成長の可能性と限界について実証する上で，最適な事例を提供している．戦後から今日までの日本における経済と環境の関係の歴史的変化を，制度と進化の経済学に基づく理論的枠組みによって捉え直していく．日本の歴史において，経済成長に対応して，環境対策はどのようなときに，どのようにして強化され，また，されなかったのか．環境対策を行うことが経済成長に影響した時期はあったのか，それはどのようにしてか．定量的指標や計量分析も駆使しながら，こうした点を明らかにしていく．それが，未来への展望を探るための基礎となるはずである．

　このように理論分析と実証分析を突き合わせながら行うことによって，本書は，経済と環境との関係について，現実に即したより深い理解を探求して

いく.

　そうして得られる成果には，環境対策の制度が形成される際の原動力についての認識と，それが今，阻害されている要因についての理解が含まれることになる．そして，経済はこれまでの歴史を通じて，環境や資源を安く大量に使うことによって利潤を増やし成長を続けてきたという事実が改めて確認される．環境を壊さずに成長することの難しさが突き付けられることになる．しかし一方で，一定の期間，環境対策が経済成長を後押しする「グリーン成長」が起こりうることも，理論と歴史実証の両面から明らかにされる.

　このような過去から現在までの理解の上に立って，未来に向けた可能性を展望しよう．それは自由に描けるバラ色の未来とは異なるかもしれない．しかし，真の希望へとつながる，より深いビジョンへの手掛かりとなるはずである.

本書の構成

　本書は次のように構成されている（**参考図**に各章の関係を図示する）.

　まず，詳細な分析に入る前に基本的な問題認識を共有すべく，序章の 1 として，歴史の中での経済と環境の大きな変化を，本書の視点を明らかにしながら辿っておく．また 2 では，制度と進化の経済学を中心とする本書のアプローチについて，様々な研究の中での位置づけと意義を明らかにしておく.

　その上で，第 I 部で経済成長と環境対策の関係の理論的分析を，第 II 部で日本を対象とした実証分析を進めていく.

　第 I 部では，まず第 1 章で，理論的枠組みの基礎となる社会経済システムの理解について，概念的な検討と数式を用いた定式化とを並行して進めていく．このために，1 において，環境の側面を明示した社会経済システムの概念を導入し，その性質を検討した上で，2 において地代を含む数式としてこれを表現する方法を検討する．次に，3 において環境対策を費用として把握する方法を検討し，4 においてそれを数式として表現する方法を検討する.

　以上の社会経済システムの概念を基礎として，第 2 章において，レギュラシオン理論に基づいて，経済と環境との関係における制度的調整について検討する．まず 1 において経済と環境との関係をレギュラシオン理論の制度諸

12

　形態の一つとして位置付けた上で，2においてアクターの構造など制度的調整の動態を分析するとともに，3において危機や制度階層性の変化に伴う制度変化について検討し，さらに4において，環境対策費用等に着目することにより，環境面での制度的調整による成長レジームへの多様な効果を詳しく検討する．

　この成長レジームへの効果を定式化して分析するため，第3章において，第1章で検討した定式的表現を基に，カレツキアン・モデルに地代と環境対策費用を組み込んだモデルを構築し，グリーン成長の可能性とその成立条件を分析する．

　第Ⅱ部では，第Ⅰ部で示した枠組みを用いて，日本の高度成長期から今日までを事例として実証分析を行う．まず，第4章において，環境対策費用，地代等の環境関係費用を長期推計し，経済と環境の関係の制度的調整の長期的な変化を概観する．

　次いで，第5章において，第4章で推計した環境関係費用と他の経済諸変数を用いて，第3章で示したカレツキアン・モデルに基づく計量分析を行い，産業公害対策の時代から今日までについて，環境対策が経済にどのような影響を与えてきたのかを定量的に評価する．

　これらを総合して，第6章において，経済と環境との関係の制度的な調整の状況及びその成長レジームとの関係が，1960年代から今日までの日本においてどのように変化してきたかを，詳しく解釈していく．

　そして，以上の分析を踏まえて，終章として未来への展望を探っていく．

　本書は，数式によるモデルなど理論的な分析を多く含んでいる．そうした部分は経済学の予備知識のない方には取り付きにくいかもしれない．その場合には，一部を飛ばして読んでいただくという方法もあるだろう．それでも，本書の主旨は理解いただけるはずである．具体的には，序章2（制度と進化の経済学からのアプローチ），第1章2（三つの再生産の定式化），同4（環境対策費用の定式化），第3章（環境対策と経済成長の分析のためのカレツキアン・モデル），第5章（環境対策の経済効果の計量分析）を飛ばしていただくことが考えられる．とは言え，より明確な形で理解いただくためにも，

一読して理論面に関心を持っていただけた方には，全体を通読いただければ幸いである．

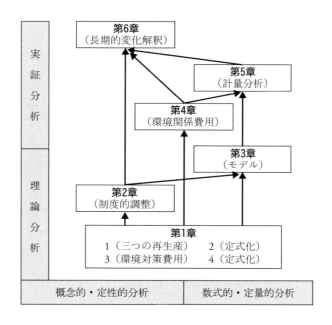

参考図　各章の関係

序章　問題認識とアプローチ

1　経済と環境の関係の歴史的な変化

　本書は，経済成長と環境対策の関係について，歴史的な視野の中で分析を行う．未来への洞察を得るためには現在を理解する必要があり，現在を理解するためには過去からの歴史を理解する必要があるからである．

　まず理論的枠組みを検討し，それを用いて実証分析を行うが，理論的検討に入る前に，どのような問題に焦点を当て，どのような疑問への答えを探して行くのか，そうした問題認識を共有するために，経済と環境の関係の歴史を俯瞰的に辿っておくことにしよう．

1.1　世界の経済成長と環境への負荷

　人類の経済活動は，産業革命と資本主義経済の成立を機に，急速に拡大を始めた．マディソン（Maddison, 2001）の推計によれば，世界の GDP は 1820 年頃を境に増加の速度を速め，第二次世界大戦後の 1950 年ごろからはさらに急激な増加を経験してきた（**図序 –1**）．

　一方で，環境への負荷はどのように変化してきたのだろうか．その一つの指標として長期のデータが入手できる二酸化炭素排出量を取り上げると，米国のオークリッジ研究所の推計（Borden, et al., 2014）によれば，19 世紀以降継続的に増加し，その速度は 1950 年ごろから加速している（**図序 –2**）．

　このように，長期的に見れば，経済活動の規模と環境への負荷は，歩調を合わせるように加速的に増加してきており，それらの間に密接な関係があることは明白である．

図序-1　世界のGDPの長期的推移

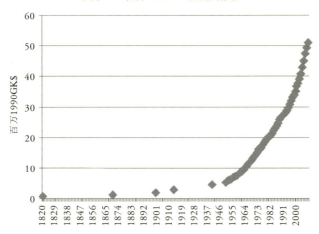

図序-2　世界のCO_2排出量の長期的推移

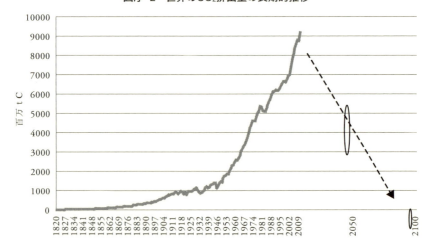

そうした中で，環境への負荷は地球の収容力を既に超えてしまったことが明らかになっている．最新の科学的知見によれば，産業革命前と比較した気温上昇を2℃未満に抑えるためには，世界の温室効果ガスの排出量を2050年までに40〜70%削減し，2100年にはゼロ又はマイナス（すなわち吸収量が排出量を超える）にする必要があるとされている（IPCC, 2014）[1]．**図序-2**にこれを表現すると，2050年と2100年の楕円のゾーンに向けて急速に削減していく経路（イメージを破線矢印で示している）をとる必要があることになる．

　上記のようなこれまでの増加傾向やGDPとの相関関係を前にしたとき，CO_2排出量を減少させることは可能なのか，そのときGDPを成長させ続けることは可能なのかという難問に直面する．この相関を切り離そうという，「デカップリング」と呼ばれる理念も浮上している．しかし，現実の経済と社会においてそれがどのようにして可能になるのかが語られなければ，理想論として空回りすることになる．

　未来に向けた展望と戦略を描くには，現在の経済と環境の関係を，構造やメカニズムに踏み込んで理解することが必要である．そしてそのためには，過去に遡って，どのような変化がどのような要因によって起こってきたのかを分析することが重要になる．「フォアキャスティング」ではなく「バックキャスティング」を行うべきとの議論がある．将来を予測する際に，現在までのトレンドを延長するのではなく，未来のあるべき姿から逆算すべきとの考え方だ．将来展望のないフォアキャスティングが望ましくないのはもちろんだが，現状への理解なしのバックキャスティングも空論になってしまう．過去から現在までの理解の上に立って，望ましい未来を展望する必要があるのである．

　これまで経済は加速的に成長し，それに合わせて環境への負荷も増加してきた．そうした成長と増加という趨勢（トレンド）は何によって生み出されてきたのか，その原動力とメカニズムを理解することが，まず必要である．そして，その中にあっても環境負荷が抑制され経済成長との相関が弱まった時期があれば，そこに焦点を当てて，なぜそれができたのかを理解することが重要となる．それが，将来に向けて，環境負荷を減少させることが果たし

てできるのか，それはどのようにして可能となるのかを考える際の基礎となるはずである．

1.2 地域と時期ごとの経済成長と要因

そうした理解に一歩近づくために，地域と時期を区切って，経済成長とその要因を見てみよう．経済成長のメカニズムは一様ではなく，時間的・空間的に異なっている．環境への負荷もまた同様である．地域と時期に応じた特徴を観察することで，経済の成長と環境負荷の増加のメカニズムがより理解しやすくなり，また，環境負荷が抑制された時期を特定して分析することも可能になる．

ここでは，データの揃っている先進国について見ていく．マディソン（ibid.）は，経済の長期的推移を推計し，傾向に変化が見られた時期として 1820, 1870, 1913, 1950, 1973 の各年を区切りとして，経済成長率の変化を推計している．それを図示すると**図序–3**のようになる．なお，**図序–1**と**図序–2**が絶対量を表しているのに対して，以下の各図は増加率を表していることに留意が必要である．増加率は低くてもプラスであれば，絶対量は等比級数として加速度的な増加を続けることになる．

資本主義経済が最初に成立した西欧諸国に典型的に表れているように，

図序–3　実質GDP成長率の長期的変化

＊オーストリア，ベルギー，デンマーク，フィンランド，フランス，ドイツ，イタリア，オランダ，ノルウェー，スウェーデン，スイス，英国．図序–4, 図序–5について同じ．

注：値は年平均複利成長率．図序–4, 図序–5について同じ．

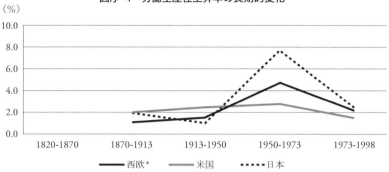

図序–4 労働生産性上昇率の長期的変化

1820年頃から経済が離陸して成長がはじまり，20世紀初めにかけて高い成長率が続いたが，20世紀前半には低下した．戦後1950年頃から70年頃にかけて非常に高い成長率での成長が実現したが，70年代以降には減速した．大きく見て，19世紀後半と20世紀の戦後という，二つの成長の時期があったと言われている．

経済成長の要因を分析する上でまず参照されるのが，労働生産性である．同じくマディソン（ibid.）の推計値を図示すると，**図序–4**のようになる．1950年から70年頃にかけての高い上昇率が際立っている（1913年までの時期には，西欧，米国では上昇率の山は見られない）．19世紀の経済成長は主として労働力の量的増加を伴い，戦後の経済成長は労働生産性の上昇を伴っていたことを表している．

このように，経済成長の態様は同じではなく，時間軸の中で変化している．その背景には制度の違いがある．レギュラシオン理論は，資本蓄積のメカニズムと制度との関係に着目して，経済成長の歴史的な変化を説明している（Boyer, 1986; 山田, 1991）．

19世紀の経済成長においては，低い賃金水準，自由な競争といった制度的な特徴の下で，新たな労働力や市場を外部から取り込むことによって，蓄積が進んだと理解されている．一方，戦後の高度成長においては，厳格な労働管理と高い賃金水準という労使間の妥協が，労働生産性の上昇と消費需要の増加の好循環を可能にしたと言われている．

図序–5 炭素生産性上昇率の長期的変化

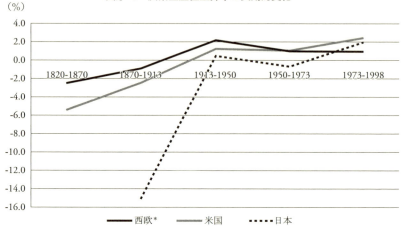

このような時期ごとの特性に関する分析は，経済成長のメカニズムを理解する上で極めて有用だが，その中で環境がどのような役割を果たしているかについては説明されていない．前述のように CO_2 排出の大幅削減と経済成長との関係が問われるに至った今，経済成長と環境との関わりがどのように変化してきたのかを問いなおすことが重要である．上記のマディソンの時期区分に従って，オークリッジ研究所のデータ（Borden, et al., 2014）を用いて，炭素生産性（CO_2 排出量当たりの GDP）の上昇率を算出したのが図序–5である．CO_2 のみならずあらゆる環境への負荷を考慮して，資源生産性ないし環境生産性と呼ぶべき指標を得ることが理想だが，ここではデータ入手可能性の観点から炭素生産性を参照している．CO_2 排出量が削減されるためには，炭素生産性が GDP 成長率を超えて上昇することが必要となる．このように，炭素生産性（又は資源生産性）の上昇は，本書が検討する「グリーン成長」の不可欠な要素である．

資本主義経済の成立後の初期（地域により時期にズレがある）においては炭素生産性は低下しており，これは農業など自然の物質循環に依存した経済から化石燃料に依存した経済への転換を反映しているものと考えられる．その後 20 世紀前半に上昇に転ずるものの，戦後 1950 年から 70 年頃の高度成長の時期においては上昇が鈍化し，日本ではマイナスにまでなっていること

は，この時期に労働生産性が急上昇したことと顕著な対照を見せている．19世紀の成長も，戦後の高度成長も，いずれも環境への負荷の増加を伴っていたことを示している．

その中で，1970年代からの時期には米国と日本で一定の上昇が見られる．1970年代には，公害規制によって汚染物質の排出も削減されており，CO_2だけでなく資源や自然環境の使用に関わる幅広い側面で資源生産性の上昇があったと考えられる．

このような環境への負荷に関する時期ごとの特徴は，どのような制度の下で生じたのだろうか．それは，資本蓄積のメカニズムの中で，どのような役割を果たしたのだろうか．

1950年代からの高度成長の時期に，労働生産性とは逆に資源生産性の上昇が鈍化したことは，これらの間のトレードオフを意味しているのだろうか．1970年代以降の資源生産性の上昇に，将来のグリーン成長の萌芽を見いだすことはできるのだろうか．

こうした問いへの答えを求めて，具体的な制度の内容や経済成長の要因に踏み込んで，詳しく分析していこう．そのために本書は，世界の長期の歴史の中から，戦後から今日までの時期に焦点を当て，日本を事例として取り上げて，分析を進めていく．上記のように，1950年代からと70年代以降という二つの時期の炭素生産性上昇率が，日本において最も大きく変動していることは，この間の変化を分析する上で日本が最適な事例を提供していることを示唆している．

1.3 日本における経済成長と環境対策の変化

本書は日本における経済成長と環境対策の関係の変化を詳しく分析していくが，その出発点として，経済成長，環境対策，そしてそれらの間に位置する環境への負荷がそれぞれどのように変化してきたかを概観しておこう．

経済成長の推移を示したのが，**図序−6**である．なお，本書はレギュラシオン理論やポスト・ケインズ派の伝統に従って，資本蓄積率に着目して経済成長を分析している（データ出所と加工方法の概要を巻末に記載している）．蓄積率は利潤率と概ね同じ傾向で推移している．1960年代から続いた高い

図序–6　日本の資本蓄積率と利潤率の長期的変化

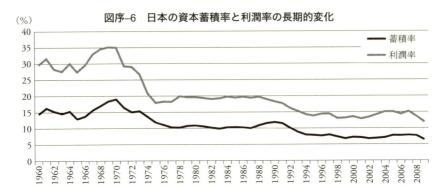

図序–7　日本のCO₂排出量とSOx排出量の長期的変化

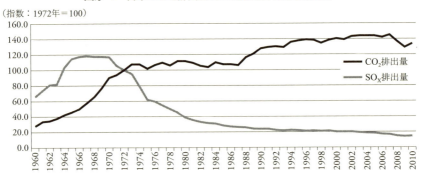

表 序–1　日本の主な環境対策制度の形成の歴史

年	主な環境法制度等の整備
1960-1967	
1968-1970	公害対策基本法・大気汚染防止法
1970-1972	公害国会(公対法改正・水濁法・廃掃法等十四法)／環境庁設置
1973-1977	SOx総量規制導入（規制基準の強化）
1978	自動車排ガス五三年規制
1979	省エネルギー法
1983	(環境影響評価法案廃案)
1991	資源リサイクル法・廃棄物処理法改正
1993	環境基本法
1995	容器包装リサイクル法
1997	温暖化対策推進法・省エネ法改正・家電リサイクル法
1998-1999	環境影響評価法・経団連自主行動計画
2000	循環型社会形成推進基本法・グリーン購入法
2001	環境省設置(省庁再編)
2002	自動車リサイクル法
2009	エコカー補助金・エコポイント事業
2012	地球温暖化対策税・固定価格買取制度

蓄積率は 1970 年頃から大きく低下し，高度成長期の成長のメカニズムが限界を迎えたことを示している．その後 1980 年代には再び上昇して高位で安定的に推移し，輸出主導型の成長が実現した．1990 年頃からバブルの崩壊により低下し長期にわたり低迷する．2000 年頃から再び上昇するが，リーマン・ショックで顕在化した世界金融危機により，2008 年頃には大きく下落している．

環境への負荷は，経済成長の影響を大きく受けながら変化してきた．**図序 –7** は，二酸化炭素の排出量と硫黄酸化物の排出量の長期的な変化を示している（同じくデータ出所と加工方法の概要を巻末に記載している）．いずれも高度成長に合わせるように 1960 年代まで急速に増加した．その後，硫黄酸化物については 1970 年頃から急速に減少している．一方，二酸化炭素については，1970 年代前半にそれまでの急増に歯止めがかかるものの，総じて微増しながら（特に 80 年代後半には経済成長に合わせた増加が見られる），今日まで高い水準の排出が続いている．

こうした環境負荷に対応して環境対策の制度が整備されてきた．主な法律等の制度が整備されてきた歴史を，**表序 –1** のように整理することができる．環境対策の制度は，前進の時期と停滞の時期とを織り交ぜつつ形成されてきた．1960 年代終わりから 1970 年代に公害対策のための各種制度が整備・強化され，1980 年代には制度の形成が停滞し，1990 年代から地球温暖化対策や廃棄物・リサイクル対策のための制度の整備が進んだことが見て取れる．

これらの経済成長，環境負荷，環境対策の制度は，互いに影響しながら変化してきている（三つの図表の縦の相関）．例えば，戦後の高度成長の結果，汚染物質の排出が増大し，公害被害が発生したことを受けて，1970 年代に規制制度が整備された．対策により SO_x は減少し，経済影響も懸念されたが結果的にプラスの効果があったとも言われた．その後，安定的な成長と CO_2 排出が続く中で，地球環境問題が次第に顕在化し，1990 年代に温暖化対策やリサイクル等の制度が整備された（しかし CO_2 は減少はしなかった）．近年では，リーマン・ショック後の経済危機の中で，景気対策の効果も意図して，エコカーやエコ家電の購入補助の政策も講じられてきた．

こうした経済成長と環境対策の相互作用について，構造やメカニズムに踏

み込んでより詳しく分析することが，今後どのようにして対策が強化されうるのか，それにより経済成長はどのように変化するのかを展望していく基礎となる．

そのためには，経済成長と環境対策の間を橋渡しする概念を用意し，定性的情報とともに定量的指標も用いて変化を追跡し，必要に応じてモデルも用いながら，体系的に分析していくことが必要となる．本書が，まず理論的検討を行うのは，このためである．

以上のような基本的な問題認識を頭に置きながら，本論の分析に入っていこう．現実の経済と環境の観察を一旦離れ，まず，第Ⅰ部として理論的な側面から検討をはじめる．それによって経済と環境の基本的関係が明らかになるとともに，分析の道具立てが整うことになる．その上で，第Ⅱ部で日本を対象とした実証的な分析を行っていく．

序章を閉じる前に，本書のアプローチの理論面での特徴と意義を確認しておこう．様々な研究との関係の中でどのような位置にあるのかを確認することは，学術的研究として欠かせないからである．ただし，学術的側面に特に関心のない読者には，第Ⅰ部第1章まで飛んでいただいても差し支えない．

2　制度と進化の経済学からのアプローチ

本書は，経済成長と環境対策の関係という問題に対して，制度と進化の経済学からアプローチする．制度と進化の経済学は多様な学派を含みうる幅広い概念であるが，本書はその中で，主にマクロ経済的問題に関心を持って発展してきたレギュラシオン理論とポスト・ケインズ派理論（特にカレッキアン・モデル）に依拠する．

その基本的な意図は，「はじめに」において触れたように，市場メカニズムによる自律的調整と静的均衡を前提とせず，制度による調整と歴史的な変化を重視する理論に立脚することによって，経済と環境を，どちらか一方が上位にあるのではなく，相互に作用しながら歴史的に進化していくものとして理解することにある．こうしたアプローチが経済学の文脈の中でどのような意味を持つのかについて，本論に入る前に，もう少し詳しく検討しておこ

う．

2.1 分析の視点とアプローチ

多様な経済理論はそれぞれ長所と短所を持っており，問題の性質と分析の視点に沿ってアプローチが選択される必要がある．経済と環境の問題については，広く認識された特徴として，次の5点を挙げることができる．すなわち，（a）それらの関係は長期的に変化してきていること，（b）環境問題への対策は主に制度により決定されること，（c）環境問題は本質的には自然からの供給制約の現れであること，（d）環境対策は需要を創出しうること，（e）環境問題は産業構造に密接に関連していること，である．これら全ての側面を同時に反映させることは容易ではないため，現実的なアプローチとしては，焦点を当てるべき側面を選択する必要がある．

環境対策の経済への影響については，近年，特に，新古典派経済学に基づく応用一般均衡モデル等の詳細なモデルによる分析が注目を集めてきた．このアプローチは，供給制約がどのように経済に影響を与えるかについて，産業構造を考慮した詳細なシミュレーションを可能にする．一方で，需要と供給のギャップは捨象され，また，制度の歴史的進化は説明されにくい．

今日の現実の世界を見ると，私たちは，科学的に求められる水準の環境対策が，政治的にはコスト増加を懸念する反対論の中で導入されない，という状況に直面している．他方，世界的な不況の中でグリーン・ニューディールやグリーン成長といった理念が生まれ，環境対策が需要の喚起等を通じて経済成長に正の効果を持つ可能性も注目されている．こうした状況の中で，研究のアプローチにおいても，制度と需要の側面が重要性を増していると考える．そして何より，近代産業文明の持続可能性が問われるという歴史的な危機を迎えつつある中で，長期的な変化について理解することが重要な課題である．制度と需要という重要な側面を捨象することなく長期的な展望を得るには，数学的に洗練されたモデルによるシミュレーションのみに頼るのではなく，現実の経済の過去から現在までの歴史的な変化を分析することが必要となる．

本書は，こうした「制度」，「需要」，及び「長期的変化」という側面を重

視して経済成長と環境対策の関係に接近するために，レギュラシオン理論を基本的な枠組みとし，ポスト・ケインズ派の代表的な成長モデルの一つであるカレツキアン・モデルを用いて研究を行う．これらの理論はいずれも，制度による調整の役割を重視するとともに，成長における需要と生産性（供給に密接に関係する）の役割を同時に重視している．さらに，レギュラシオン理論は，調整様式及び蓄積体制とその危機という概念を中心として，制度と経済成長の関係の歴史的な変容を分析するための枠組みを提供している．また，カレツキアン・モデルは，ローソン（Rowthorn, 1982）が示した，費用の増加が需要増加を通じて利潤率を上昇させるという「費用の逆説」の概念に見られるように，費用と需要との関係の分析に利点を有するモデルであり，また，その状態を「停滞論」や「高揚論」等の成長レジームとして識別するという分析方法は，長期的な時間軸の中で構造の変化を分析する上で有用である．レギュラシオン理論とカレツキアン・モデルは親和性を持ち，これまでもレギュラシオン理論に関わる定量的分析においてカレツキアン・モデルが活用されている（例えば，Bowls and Boyer, 1990）[2].

　本書は，こうした特徴を持つレギュラシオン理論とカレツキアン・モデルを用いて，まず，経済成長と環境対策の関係を理論的に分析する．すなわち，レギュラシオン理論を基礎とし，制度形成の動態を検討することを通じて，経済と環境の関係を分析するための理論的枠組みを提案する．また，成長レジームとの関係についてより明確な理解を得るために，環境対策費用と地代をカレツキアン・モデルに組み込むことによって，環境対策費用と成長との関係を分析するためのモデル化の方法を提示する．これらを一貫した枠組みとして構築する基盤を得るために，ポランニーの概念を出発点としつつ，剰余アプローチにエコロジー経済学を加味することによって，環境の要素を含む社会経済システムの概念を示すとともに，これをマクロ経済の分配等式として示す．なお，環境対策費用については，環境・経済統合勘定（SEEA: System of integrated economic and environmental accounting）における環境保護支出勘定等の推計方法を参考としつつ，概念及び推計方法を設定する（United Nations, et al., 2003）.

　これらより示される理論的枠組みは，ポランニーの着想を出発点とするこ

とで，エコロジー経済学の視点を組み込みつつ，レギュラシオン理論とポスト・ケインズ派理論（剰余アプローチ及びカレツキアン）を統合的に用いるものと言うことができる．これはまた，環境経済学と制度と進化の経済学とを架橋する試みであるとも言える．

2.2　先行研究との関係

本書の研究が，先行する様々な研究との関係においてどのような意義を持つかについて，レギュラシオン学派，ポスト・ケインズ派，環境経済学，及び環境対策に関する計量分析という4つの側面から検討しておこう．

レギュラシオン学派においては，リピエッツが環境問題について貴重な洞察と展望を示したが（Lipietz, 1995, 1999, etc.），最近になって，環境問題を理論の核心部分に組み込もうとする，より分析的なアプローチが現れてきた（Becker and Raza, 1999; Rousseau and Zuindeau, 2007; Zuindeau, 2007）．それらは，レギュラシオン理論と環境に関する諸研究（例えば，ポリティカル・エコロジー，エコロジー経済学，持続可能な成長の研究）との間に架橋することを目指し，これらの理論的特性を比較，分析した上で，「経済と環境の関係」の形態に着目して研究を進めることを提言している[3]．Becker and Raza（1999）は，経済と環境の関係を6番目の制度形態と考えることも示唆している．Zuindeau（2007）は，歴史的・地理的に異なる経済と環境の関係を，レギュラシオン理論を用いて，蓄積体制や調整様式と対照しつつ分析することが重要であるとし，自らフランスにおける経済と環境の関係の歴史的変化の描写を試みた上で，今後，特定国の歴史分析と複数国の比較分析が進められていくべきと示唆している．これらの研究は，レギュラシオン理論を用いた環境問題の分析のための貴重な基礎を提供している．分析の方法論をさらに深めていくこと，特に定量的データを用いた分析のための方法を検討すること，具体的な国や時期を対象とした実証分析を積み重ねていくことが，課題として残されている．本書の研究は，主要な指標として環境関係費用に着目するとともに，環境に関する制度形成の動態を詳細に検討することを通じて，より具体的な分析の方法を提示し，これを用いて，日本の1960年代から今日までを対象として実証分析を行うものである．

ポスト・ケインズ派においては，従来，環境問題は主要なテーマとはされていなかったが，近年，ポスト・ケインズ派とエコロジー経済学のシナジーを探ろうとする研究が現れてきた（Holt, et al., 2009）．Kronenberg（2010）は，両理論がともに分配と成長の関係，不可逆性，経路依存性を重視していることを踏まえ，ポスト・ケインズ派成長理論はエコロジー経済学のマクロ経済理論を開発するための基礎になり得ると示唆している．「ポスト・ケインズ派」という呼称は，アメリカン・ポスト・ケインジアン，スラッフィアン（又はネオ・リカーディアン），カレツキアンといった多岐にわたるグループを含みうるものであり（植村他, 2007），その中でスラッフィアンの系譜には環境問題を扱ういくつかの重要な研究があるが（例えば，Schefold, 1997; 細田, 2007），カレツキアンにおいては，環境問題を扱った成果は少ない．本論文は，剰余アプローチすなわちスラッフィアンの伝統を踏まえて生産システムを利潤，賃金，地代の三次元の分配等式として定式化した上で，カレツキアン・モデルを環境対策費用と地代を主要な変数として組み込むことによって拡張しようとするものであり，ポスト・ケインズ派からの環境問題へのアプローチの一つの方法を試みるものと言える[4]．また，カレツキアン・モデルは経済構造の時間的・空間的な変化の実証分析に用いられてきており，日本経済に関する分析も行われている（Bowls and Boyer, 1990; Uemura, 2000; 畔津他, 2010; 西, 2010）．ただし，産業公害対策が経済に一定の影響を与えたと考えられる時期を含め，環境対策を考慮した研究は行われていない．本研究の実証分析は，これらの実証研究の成果を参考として，環境に関する要素を組み込んだ実証分析を試みるものでもある．

環境経済学には，市場均衡を前提とする理論に依拠する研究（狭義ではこれを環境経済学と称する場合もある）とともに，制度や社会的関係に着目した研究の潮流がある．その源流として，企業の利潤追求により社会的費用が発生することを指摘したカップを挙げることができる（Kapp, 1950）．日本では，都留重人を出発点として，政治経済学を踏まえた公害問題と環境問題の研究が行われてきた（例えば，都留, 1972; 宮本, 1989; 寺西, 1992; 吉田, 2010）．また，後述するジョージェスク゠レーゲンのエントロピー論や生態学を踏まえながら，物質・エネルギー循環と地域社会の関係に着目した研究

も行われてきた（例えば，玉野井，1978; 室田，1979; 丸山，1999）[5]．制度経済学，政治経済学，エントロピー論を含む多様な理論を包括的に用いて環境経済学と環境政策を発展させていこうとする取り組みもある（例えば，植田，1996; 岡，2006）．他方，1970 年代から欧州と米国を中心にエコロジー経済学が新たな潮流として浮上してきた．エントロピー法則（熱力学第二法則）の経済学における重要性というジョージェスク゠レーゲン（Georgescu-Roegen, 1971）の着想を源流としながら，方法論については多様なアプローチに開かれており（Røpke, 2005），制度や社会的関係を重視するアプローチもある（例えば，Norgard, 1994; Söderbaum, 2000）．本書は，制度や社会的関係を重視して環境と経済を分析するという視点において，これら多くの研究と基本的な方向性を共有する．具体的内容においても，例えば，ポランニーの着想に注目する点において玉野井（1978）らと，制度形成におけるアクターの役割を重視する点において吉田（2010）と，ポスト・ケインズ派成長モデルに着目する点において岡（2006）と共通する視点を持つ．また，経済と環境の関係を共進化として理解しようとする点においてノーガード（1994）の着想を参考としている．そして，経済の分析において自然環境を考慮することが不可欠であるという基本認識において，エコロジー経済学と同じ立場に立つ．その上で，本書の研究の特徴は，レギュラシオン理論とポスト・ケインズ派理論に立脚することによって経済と環境の相互関係を分析するための理論的枠組みを構築し，制度分析から計量分析までを含む理論的・実証的分析の道を開拓している点にある．

　環境対策に関する計量分析としては，地球温暖化問題の顕在化以降，エネルギーの価格と消費量等に着目してモデルに組み込む形で様々な研究が重ねられてきている．我が国では，例えば，地球温暖化対策の中期目標やロードマップの検討と関連した政策的研究があり，応用一般均衡モデルをベースにした研究（武田他，2010; 伴，2010; 等）の他，ケインズ型の計量経済モデルをベースにした研究（猿山他，2010）も行われている．また国際的にも，温室効果ガス削減の様々なシナリオについて，異なる形式や仮定を持つ様々なモデルによりシミュレーションが行われており（レビューとして，Stern, 2007; Barker, Qureshi, et al., 2006 がある），その中には需要主導の状態を表す

30

モデルによる分析もある（Barker, Pan, et al., 2006）．これらは，大規模なモデルに基づく詳細なシミュレーション結果を提供し，政策立案の場でも参照されるなど，重要な成果を上げている．一方，これらの多くは需要の役割を十分に反映するものではなく，一部に，需要主導の状態を反映できるモデルもあるものの，対策の費用と需要の関係を明確に示すことはなお課題である．また，これらはいずれもエネルギー消費に着目したものであり，将来に向けたシミュレーション分析が中心である．これに対して，本書のモデル及び実証分析は，「費用の逆説」を応用することにより，環境対策の費用と需要との関係をより明確に分析するとともに，環境対策費用に着目することにより，公害対策を含む環境対策全般を対象として過去から現在までの構造の変化を一貫性を持って分析しており，これによって将来展望に資する含意を得ようとするものである．

　以上，序章として，歴史的な視野の中で問題認識の共有を図り，また，経済学の様々な研究の中での本書のアプローチの位置を確認した．これで準備は整った．いよいよ本論に入って，経済成長と環境対策の関係を理論的に，そして実証的に分析していこう．

第Ⅰ部　理論分析

第1章 社会経済システムを経済・人間・自然環境の再生産として理解する

　第I部として，経済成長と環境対策の関係について理論的な分析を進めていく．第1章では，そのための土台となる基本的な枠組みを構築する．本書は，経済と環境の関係を，どちらか一方の原理に従うものとしてではなく，相互に影響し合いながら変化していくものとして理解する．このための理論的枠組みとして，社会経済システムを経済，人間，自然環境という三つの再生産によって構成されるものとして理解し，それら三つの再生産の相互関係を分析するとともに，分配の等式として定式化していく．さらに環境対策をその中に位置づけ，環境対策の費用として数式に組み込んでいく．これにより，経済成長と環境対策の相互作用について基本的な特性を理解することができ，また，第2章の制度的調整の分析と第3章のモデルによる分析のための基礎を得ることができる．

1　経済・人間・自然環境の三つの再生産の概念

1.1　三つの再生産とその相互関係

　一貫性のある枠組みのための強固な基礎を得るために，まずはじめにポランニーの概念を出発点として，剰余アプローチにエコロジー経済学の視点を統合することによって，社会経済システムの概念を明確化していこう．

　ポランニー（Polanyi, 1957）は，1920年代の危機を市場メカニズムに内在する不安定性の表れと理解し，ニュー・ディール，計画経済及びファシズムを，この不安定性をコントロールするための制度の模索の結果であると認識した．レギュラシオン理論は，戦後の高度成長時代が，賃労働関係を中心とする制度的調整の結果であることを示した．これら二つの歴史認識は，資本

34　第Ⅰ部　理論分析

主義経済が潜在的に破壊的な性質を持っており，その力を抑御するために制度的な調整が必要であるという認識に基づいている点において，整合的である（Boyer and Hollingsworth, 1997; 山田 , 2007）．従って，レギュラシオン理論の応用を検討する際には，ポランニーの直感にさかのぼることが有益である．

　ポランニー（Polanyi, 1957）は，市場メカニズムの破壊的性質の根本的原因が労働，土地，貨幣という「擬制商品」にあると考えた．労働は人間にほかならず，土地は自然環境にほかならず，貨幣は購買力の象徴であって，いずれも販売するために生産されるものではないので本来の意味では商品ではないが，市場メカニズムを自己調整的に機能させようとすると，これらを擬制的に商品として扱わざるをえなくなる．本来は商品ではないものを商品として取引するという矛盾により，人間と自然環境は破壊され経済も不安定化すると，ポランニーは指摘した．商品に関する市場経済の拡大は，一方で擬制商品に関する市場の規制のための制度の形成を必然的に伴うのであり，19世紀の歴史は，これらの「二重の運動」として理解できると彼は考えた．ここで本書の視点からは，ポランニーが 3 つの擬制商品の一つとして，自然環境の別名として「土地」を挙げ，過度な市場化によってもたらされる問題として自然環境の破壊に明確に言及していたことが注目される．

　以上のようなポランニーの着想は，市場経済及び資本主義経済の本質から出発して，環境問題が発生し対策制度が形成されていくという歴史的な変化の原動力を示しており，経済と環境の関係を分析する上で射程の長い基本的認識を与えてくれている．この着想を基礎としつつ，さらに経済学的分析のための理論的基礎を固めるために，剰余アプローチにエコロジー経済学を統合して概念整理を試みよう．

　剰余アプローチとは，経済を「再生産」として捉え，再生産の維持に必要な部分を上回る「剰余」が利潤や賃金として分配されると理解して，経済の循環を分析するアプローチであり，古典派のケネー，リカード，マルクスに起源を持ち，レオンチェフ，スラッファらによって発展してきたものである．持続可能性が損なわれるということは再生産が続かなくなるということと同義であるので，持続可能性の問題を扱う上で，再生産の概念から出発するこ

第1章 社会経済システムを経済・人間・自然環境の再生産として理解する　35

図1-1　社会経済システムの再生産

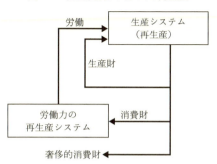

とは有用である．さらに，このアプローチは，市場における均衡を前提とするのではなく，利潤と賃金等の間の分配に焦点を当てることにより，政治的な調整を理論の中に包含している．この点で，ポランニーの擬制商品や二重運動の着想と繋がりつつ，さらに，産業連関を含め数学的定式化と定量的分析の基礎を提供してくれる．

剰余アプローチの伝統のもとでは，経済活動が維持されるためには生産物のうちの一定量は労働の再生産と資本設備の再生産のために使用される必要があり，これを上回る「剰余」が利潤，必要部分を上回る賃金，地代等として分配されると理解される．そして，この分配は社会の中で諸制度によって決定されると理解される．この考え方に従えば，社会経済システムは，生産システムの再生産系と労働力の再生産系という二つのシステムによって構成され，これらは制度によって調整されていると認識されることになる（概説した文献として，例えば，Bortis, 1996; 植村他, 2007がある）．このような認識は，**図1-1**のように表現されている（植村, 2007）．

一方，エコロジー経済学は，持続可能性の問題を中心的課題として1970年代から欧州と米国を中心に浮上してきた潮流である．その出発点にある着想として，ジョージェスク＝レーゲン（Georgescu-Roegen, 1971）が唱えた，経済学におけるエントロピー法則（熱力学第二法則）の重要性がある．すなわち，経済活動は循環的で無時間的な運動ではなくエントロピーを増大させる不可逆的で進化的なプロセスであり，これは低エントロピー，すなわち天然資源と廃物の同化吸収サービスの供給を地球生態系から得ることなしには

36 第I部 理論分析

維持できない．こうした基本的認識に基づいて，経済を自然の中に包含されているものとして理解すること，自然が人類の生命維持システムとして果たしている機能を認識すること，経済システムを貨幣価値の循環としてだけでなくエネルギーと物質の流れとして理解することなどが，共通的に重視されている（Røpke, 2005）．デイリーら（Daly and Farley, 2004）は，主流経済学のビジョンは経済を無限に成長できるシステムとして理解し生態系をその中のサブシステムとして認識しているが，本来は逆に経済は有限な地球生態系の中の一部であるとして，クーンの言うパラダイム・シフト又はシュンペーターの言うプレアナリティック・ビジョンの変更が必要であるとしている[1]．経済理論はこれまで生態系の本質的重要性を捨象して理論構成してきたが，地球生態系の稀少性が明らかとなった今日においては，もはやこれを捨象し続けることはできず，理論の枠組みを見直す必要があるというのが，エコロジー経済学の最も基本的なメッセージであると言える．こうした認識を踏まえれば，生態系が供給する天然資源等は，経済分析において商品の一類型として扱うべきではなく，労働とともに本源的な生産要素として位置付ける必要があることになる．加えて，エントロピーの概念を踏まえることにより，天然資源のみならず廃物の吸収サービスをも含め，生態系からの低エントロピーの供給を一体的に把握，分析するという視点を得ることができる．

　以上のような剰余アプローチ及びエコロジー経済学の認識を総合すれば，本来，人間と自然環境は生産システムとは別個の再生産システムであり，このうち人間すなわち労働の側面に経済理論は関心を払ってきたが，生態系の危機が深刻化している今日の状況下では，自然環境についても独自の再生産システムとして明示的に捉えることが重要となる，という認識が得られる．こうした認識に基づき，我々は，社会経済システムを，（狭義の）「経済」の再生産，「人間」の再生産，「自然環境」の再生産という「三つの再生産」により構成されるシステムとして捉えよう[2]．こうした認識を，**図1–1**を拡張し，**図1–2**のように表すことができる．

　ここで，三つの再生産の基本的性質とその相互関係を検討していこう．経済の再生産は3種類の投入，すなわち自ら生産した生産財の投入，人間の再生産から供給される労働の投入，及び自然環境の再生産から供給される天然

図1-2 三つの再生産としての社会経済システム

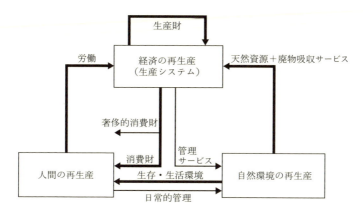

資源及び廃物吸収サービスの投入により維持される生産システムである．生産物は，利潤，賃金，及び地代の間で分配され，生産財，消費財，及び自然環境の管理サービスに充当される[3]．

　自然環境は，それ自身の生産力により維持される再生産システムであるが，経済の再生産と人間の再生産から供給される管理サービスにより部分的に支援される．自然環境の再生産は，生産システムに天然資源と廃物吸収サービスを供給するとともに，人間の再生産に生存環境及び生活環境を提供する．自然環境の再生産が供給するこれらの財・サービスを，本書では，「環境資源」と呼ぶこととする．こうした財・サービスを供給する機能に着目する場合，人工資本と対比して，自然環境はしばしば「自然資本」と呼ばれる．自然環境の一部は私的財産として所有され，それにより供給される環境資源に対しては地代が支払われ，その一部は管理サービス（例えば施肥，植林等）の入手に充てられる．しかし，多くの部分は公共財であり，地代は支払われない．自然環境が再生産能力を超えて使用されると，質的又は量的に劣化する．人工資本における固定資本減耗と対比して，この劣化を自然資本の減耗と呼ぶ場合がある（例えば，Daly and Farley, 2004）．この自然環境の劣化ないし自然資本の減耗により，環境問題が引き起こされる．

　人間の再生産は，人間及び社会の再生産能力と，自然環境からの生存環境

38　第 I 部　理論分析

及び生活環境（例えば空気，水）の提供，及び生産システムからの消費財の供給とによって維持されている．また，生産システムに労働力を供給し，賃金の支払いを得て，それが消費財を得るために使用される．

　これらの三つの再生産が相互に関係しつつ機能し，社会経済システムの全体が構成されている．そして，これら三つの再生産の相互関係は，市場メカニズムとともに，関係主体間の利害調整（特に分配をめぐる利害調整）を経て形成される制度によって調整されていると理解することができる．

1.2　経済成長と再生産の変化

　社会経済システムをこのように認識したとき，経済成長はどのように理解されるだろうか．経済成長は，生産システム，すなわち経済の再生産が拡大することに他ならない．経済の再生産において，生産財が減耗分の補填を超えて追加的に投入されると，資本ストックが増加し，生産能力が拡大する．経済成長を，この資本ストックの増加すなわち資本蓄積として分析することができる[4]．資本蓄積をもたらす生産財の投入がより大きくなるのは，生産物全体がより大きくなり，また，生産物のうち生産財に充当される割合がより大きくなるときである．図 2-1 から明らかなように，前者が起こるのは労働と環境資源の投入がより大きくなるか，又はこれらの投入量当たりの生産物すなわち生産性が上昇するときであり，後者が起こるのは生産物のうち消費財及び自然環境の管理サービスに充当される割合がより小さくなるときである．したがって，直接的には，より少ない消費財でより多くの労働を得ることと，より少ない管理サービスでより多くの環境資源を得ることが，資本蓄積すなわち経済成長に資することになる．

　そして，このシステムには経済成長を追求する駆動力が組み込まれている．市場経済の下では，生産システムで用いられる生産要素や生産物（財・サービス）は貨幣を媒介として取引されるが，貨幣は取引手段としてのみならず価値保蔵手段として機能するので，生産された価値が貨幣として蓄えられ，資本となっていく（植村他，2007）．生産システムは，この資本をより多く蓄積しようとする力が駆動力となって動いていく．この特性は，古くはマルクスによって M-C-M'，すなわち貨幣資本（M）が商品（C）を経てより大

図1–3　経済成長の下での三つの再生産の変化の傾向

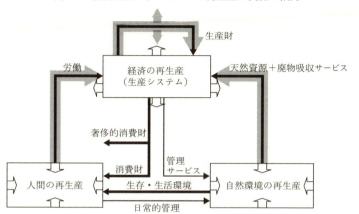

きな貨幣資本（M'）へと転化する資本主義的循環として明らかにされた点であるが（Marx, 1867），近年の金融経済化の下で，利潤を求める投機的な資金の動きが顕著となってきているという現実の現象に，より端的に現れていると言える[5]．

　前述したように，資本蓄積のためにはより少ない消費財でより多くの労働を，より少ない管理サービスでより多くの環境資源を，それぞれ使用することが有利なので，資本蓄積への駆動力の下で，生産システムはその方向に向かおうとする．これは，より多くの利潤を得るために，より少ない賃金でより多くの労働を，より少ない地代でより多くの環境資源を使おうとする傾向と言い換えることもできる[6]．こうした形での労働と環境資源の使用が続くと，人間の再生産と自然環境の再生産を劣化させる圧力がかかることとなる．こうした内在的な傾向を表したものが**図1–3**である．

　経済成長すなわち経済の再生産の拡大が進んでいくと，人間の再生産及び自然環境の再生産はどうなっていくのだろうか．人間及び自然環境の再生産の規模が，経済の再生産の規模に比較して十分に大きい場合には，経済の再生産が必要とする量の労働と環境資源が，これらの再生産から新たに調達されることによって確保される．それは，労働については，農村社会の再生産能力によって多くの人口が維持されており，そこから近代産業社会に余剰労

40 第Ⅰ部 理論分析

働力が流入する状態であり，環境資源については，地域及び地球生態系の再生産能力が経済活動の規模を十分に上回っており，天然資源を（たとえいつかは枯渇するとしても）必要なだけ消費でき，また廃物も（たとえ分解吸収しきれず潜在的には汚染が蓄積するとしても）そのまま排出できる状態である．これは，それぞれの再生産システムにより独自に生産され維持されてきた労働や環境資源を生産システムに新たに組み入れるという，外延的な拡大と理解することが出来る．この場合，生産システムから分配される消費財や管理サービスに依存せずに，少ない費用で多くの労働力や環境資源を得ることができる．

　正の成長率の下で経済成長が続くと，経済の再生産の規模は等比級数的に拡大することとなる．経済の再生産は，人間の再生産と自然環境の再生産をより多く包摂し，外延的に拡大しながら，成長していく．一方，自然環境の再生産の規模は地球生態系により上限が決まっており，人間の再生産も，マルサスの直感にも拘わらず，先進国の歴史を見る限り拡大には限界がある．これらの限界を超えて経済の再生産が拡大すると，労働や環境資源の投入量を拡大することが困難になり，投入の量的拡大に支えられた成長から，生産性の上昇に支えられた成長への転換が必要となる．すなわち，労働については，「ルイスの転換点」として示された，農村からの余剰労働力の流入に支えられた成長から労働生産性の上昇に支えられた成長への転換である（Lewis, 1954）．環境資源についても，天然資源や廃物吸収サービスの量的拡大に支えられた成長はいずれ限界に達し，資源生産性の上昇に支えられることが必要となることになる．

　現実に即して具体的に考えると，労働について見れば，例えば日本では戦前までの経済成長は農村地域からの余剰労働力の供給に支えられていたが，60年代頃にはルイスの転換点が到来し，労働者数の増加が止まる一方で賃金は上昇し，それ以降，経済成長は労働生産性の向上に支えられたものへと転換したと言われている（南, 1970）．一方，ルイスも言及しているように，転換点に達した後も，移民や資本輸出という方法を用いれば，制限されない労働供給を引き続き享受することができる（Lewis, 1954）．実際，経済グローバル化の中での新興国等への成長フロンティアの拡大は，こうした現象とい

う側面を持つと考えられる.

　一方，環境資源については，これまで様々な天然資源の枯渇が地域や国レベルで起こり，また，廃物の吸収サービスの限界も公害という形で顕在化してきた．これに対して，前者については主に資源の輸入により対応がなされた．また後者については，汚染物質の除去や廃棄物の処理などの技術的対策により対応がなされてきたが，これは追加的なエネルギーの使用とCO_2の排出を伴った．すなわち，これら天然資源と廃物吸収サービス両面を含む環境資源の供給の限界は，他の地域からの資源の輸入と，CO_2という将来に被害をもたらす廃物への転換という形で，環境資源の調達を時間的・空間的にずらすことによって対応されたと解釈することができる．しかし今日，気候変動等の地球環境問題が顕在化したことは，環境資源の消費量が地球生態系全体の再生産能力を超えてしまったことを示している．もはや他の地域に依存することや，将来に先送りすることでは対応できない．環境資源利用における外延的な拡大が限界に達しており，量的拡大に依存する成長から，生産性の上昇に支えられた成長への転換に迫られている状態にあるのである．いわば，環境面でのルイスの転換点に直面しつつあるともいえる.

　実は，人類は限界に達しただけでなく，既に限界を超過した地点にいると言われている．例えば，消費されるあらゆる資源を生産するためにどれだけの土地が必要かを推計した指標である「エコロジカル・フットプリント」によれば，人類の資源消費は地球の容量を既に 1970 年代には超えており，この「生態学的行き過ぎ（Ecological overshoot）」は増加し続け，2008 年には50％にまで達しているとされている（WWF, 2012）．人間の経済活動による環境資源の消費量は，既に地球生態系の再生産能力を越えており，自然環境が劣化し，自然資本の減耗が発生し続けている状態にあると言える.

　こうした状態をそのまま永続させることは不可能であり，遅かれ早かれ何らかの変化，例えば，自然環境の回復や環境資源の消費の抑制のための対策が行われるか，悪化してしまった環境に適応するための防災等の対策を迫られるか，あるいはまた，汚染や災害により被害を被ってしまうか，といった変化は避けられない．これらに伴って，生産システムにとって，何らかの形で環境資源の使用量の削減や自然環境の維持管理サービスの増加が必要とな

42 第 I 部 理論分析

る．これは，基本的に，生産財の投入量の減少と資本蓄積すなわち経済成長の低下の要因となる．

　以上のように，三つの再生産としての社会経済システムには，経済の再生産が成長・拡大しようとし，その結果人間や自然環境の再生産を劣化させる圧力がかかる，という自己矛盾的なメカニズムが内包されている．こうした矛盾は，それぞれの再生産に関わる主体の間のコンフリクトを強め，利害調整を経て，三つの再生産の相互関係が制度によって調整されていく．社会経済システムは，このようにして進化していくと理解することができる．

　我々が出発点としたポランニーの着想に戻れば，彼は，市場経済は労働と土地を商品として包摂しようとしたが，人間と自然の破壊につながり，社会の自己防衛の運動を引き起こしてきているとして，これらの二重運動として社会経済の歴史的変化を理解している（Polanyi, 1957）．以上の三つの再生産における経済成長の説明は，こうしたポランニーの着想と整合しており，これを剰余アプローチの概念で理解しなおしたものと言うことができる．

2　三つの再生産に基づく生産システムの定式化

　1で示した三つの再生産の概念について，明確化を図るとともに，定量的分析を含む分析の枠組みにつなげるために，定式化を試みよう．上記のように，自然環境の側面を重視すると，生産活動は資本，労働とともに環境資源の投入により行われ，生産物は利潤，賃金，地代の間で分配されると理解することができる．従って，生産システムは三次元の分配の等式（粗ベース）として，次のように表すことができる．

$$pY = rpK + wL + \rho N \qquad \cdots\cdots\cdots\cdots\cdots\cdots\cdots\cdots\cdots (1)$$

ここで，Y は産出を，K は資本ストックを，L は労働投入を，N は環境資源消費を[7]，r は利潤率を，w は貨幣賃金率を，ρ は貨幣地代率を[8]，p は価格を表す．

　剰余アプローチによれば，産出から再生産に必要な部分を控除した剰余は，制度に媒介されて生産要素の間で分配される．各項から再生産に必要な部分（資本設備の場合であれば固定資本減耗）を控除し，産出で標準化し，稼働

図1-4　自然環境を含む3次元の分配モデル

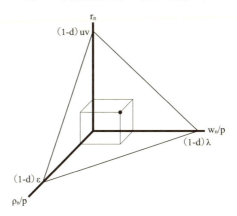

率の変化による数量調整を前提すれば，等式（1）は次のように変形される．

$$1 - d = r_n/uv + w_n/p\lambda + \rho_n/p\varepsilon \quad \cdots\cdots\cdots\cdots\cdots\cdots (2)$$

ここで，d は産出中の再生産に必要な部分の比率（すなわち，広義の減耗の産出に対する比率）を，r_n, w_n 及び ρ_n はそれぞれ資本設備，労働及び自然資本の再生産に必要な部分を控除した純の利潤率，賃金率及び地代率を，$v = \bar{Y}/K$ は潜在産出・資本比率（すなわち，完全稼働における産出の資本ストックに対する比率）を，u は稼働率（産出の完全稼働産出に対する比として定義され，$u \in (0,1)$ である）を，λ は労働生産性を，$\varepsilon = Y/N$ は資源生産性を表す．

　この等式は，剰余が純利潤，純賃金及び純地代の間で分配されることを表している．これを，3次元空間における分配フロンティア平面として図示することができる（図1-4）[9]．経済は，平面上の特定の場所に位置し，その位置は，主として分配を巡るコンフリクトを通じた制度的調整により決定されることとなる．

　ここで，分配と成長との関係を考えると，貯蓄は利潤からのみ行われるという古典派の仮定の下では，ケンブリッジ方程式として次の関係が得られる[10]．

$$r_n = g_n/s_r \quad \cdots\cdots\cdots\cdots\cdots\cdots\cdots\cdots\cdots\cdots\cdots\cdots\cdots (3)$$

ここで，g_n は純成長率を，s_r は利潤からの貯蓄性向を示す.

　この関係は，貯蓄が賃金からも行われる場合にも，一定の前提の下で妥当することが示されている（Pasinetti, 1962）．さらに地代からの貯蓄も考慮する場合には，この関係はより複雑になる可能性があり，この点については理論研究上のテーマともなっている（例えば，Baranzini and Scazzieri, 1996）．本書では，後述するように（第3章2），特に資源輸入国を想定して，環境悪化又は環境対策に伴う追加的な地代に焦点を当てて検討していくが，その場合，それらは主として輸入への支払い，自然環境の維持管理サービス又は被害補償（医療費・生活費等に用いられる）などに充てられ，貯蓄に回る割合は限定的と考えることができるので，そうした前提の下では，引き続き（3）式の関係が概ね妥当すると考えることができる.

　この関係を（2）式又は**図1-4**に組み込むと，経済成長率は，地代率及び賃金率とトレードオフの関係にあることになる．ただし，稼働率 u 又は資源生産性 ε が上昇すれば，分配フロンティア平面が外側にシフトし，トレードオフ関係に縛られなくなる.

　1で見たように，公共財である自然資本については，地代は支払われず，その減耗は地代では賄われない．この減耗も地代から控除することによって等式（2）に組み込むと，次式を得る.

$$1 - d_g = r_n/uv + w_n/p\lambda + (\rho_n/p - d_e)/\varepsilon \quad \cdots\cdots\cdots\cdots\cdots\cdots\cdots\cdots (4)$$

ここで，$d_g = d - d_e/\varepsilon$ は真の減耗の産出に対する比率を，d_e は環境資源消費一単位当たりの公共財自然資本の減耗を表す.

　公共財である自然資本は，例えば多面的機能を持つ森林や安定的な気候に代表されるように，将来世代を含め社会の幅広い構成員に便益（「生態系サービス」と呼ばれる）をもたらしているので，これに対する権利が社会全体にあると考えれば，その減耗（$-d_e$）は，社会全体への負の地代であると考えることが可能である．したがって，（4）式の右辺第三項は，私的財産である自然環境の所有者に加え，公共財自然資本に権利を有する社会全体を含めた，自然資本への権利者全体に対する地代を表していると解釈することができる.

　公共財である自然資本が減耗すると，環境問題が発生し，例えば住民の健康被害者や将来世代の災害による被害など，何らかの形で社会的な費用をも

図1–5　3次元の分配モデルと自然資本の減耗

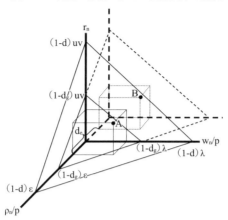

たらすことになる．こうした側面を表現するため，本書では，公共財自然資本の減耗を「潜在的環境費用」と呼ぶこととする．「潜在的」と呼ぶのは，直ちに生産システムにおいて費用として支払われはしないが，いつか社会の中で誰かに何らかの形で負担されることとなるためである．潜在的環境費用は，社会に対する負の分配である．

　潜在的環境費用を加味した真の分配フロンティア平面は，原点に向けてシフトすることとなる．すなわち，図1–5の内側の平面である．例えば，ある経済の分配が見掛け上A点に位置しているが，自然資本の減耗d_eが発生しているとすると，これを加味した真の分配はB点に位置していることになる．潜在的環境費用という形で社会に負の分配が発生しており，これが利潤及び賃金へのより高い分配を可能にし，従って，高い成長率を可能としていると解釈することができる．

　ここで，この例において自然資本の減耗を含めた地代は負であり，このため，経済は生産要素に正の分配を行っていない領域（図では点線で表現している）に位置している．このような純ベースでの負の分配は，生産要素の減耗が補填されない状態を表しており，永続することはできない．いずれは，減耗を補填するよう分配が変化し，平面上の正の領域（図では実線で表現している）に移動せざるをえなくなる．その場合，賃金と利潤に分配されうる

46　第 I 部　理論分析

剰余の量は減少することとなる.

　現実に即して考えれば，1で見たように，経済活動の規模は地球生態系の再生産能力を既に超え，社会に対して潜在的環境費用が発生し続けている.この状態を永続することは不可能であり，いずれは，被害に対する補償や，自然環境の回復のための費用の支払いなど，何らかの形で，広義の地代の上昇として反映されざるをえなくなると考えられる.その場合，賃金率を低下させない限り，利潤率と経済成長率の低下を意味することとなる.ただし，前述のように，広義の地代が上昇しても，稼働率の上昇又は生産性の上昇を通じて利潤率及び成長率の上昇につながる場合がある.このことは，4で触れるように，グリーン成長の可能性につながることとなる.

3　環境対策とその費用の概念

　前節まで，経済・人間・自然環境の3つの再生産という枠組みを用いて，経済と環境の関係を捉えてきた.そして，環境資源の使用，地代といった概念を用いて，その関係を分析してきた.本書は経済成長と環境対策の関係を分析することを主題としている.そのためには，環境対策とその費用が鍵となる.環境対策には，天然資源の使用の抑制，汚染物質の排出の抑制など様々な形態が含まれる.こうした環境対策とその費用を，3つの再生産の枠組みの中で明確に位置づけよう.

　自然環境が劣化すると，生産システムは，自然環境から供給される環境資源を代替するための財・サービスを自ら生産する必要に迫られることになる[11].これには，天然資源を代替するもの，廃物吸収サービスを代替するもの，及びこれら双方を同時に代替するものがある.また，環境資源を完全に代替するものと，引き続き利用可能な環境資源と組み合わせて用いられるものがある.例えば，再生可能エネルギーは環境資源と組み合わせて使用されて化石燃料資源と温室効果ガス吸収サービスを同時に代替し，廃棄物処理サービスは自然環境が提供してきた廃棄物の分解・吸収サービスの一部を代替する.これらを合わせて「環境資源代替財・サービス」と呼ぶこととする[12].その例を表 1–1 に示す.

表1-1　環境資源代替財・サービスの例

天然資源の代替	・鉱物採取における資源枯渇に伴う追加的投入 ・耕作における土壌劣化に伴う追加的投入	・（企業内部の）省エネルギーサービス ・再生可能エネルギー ・資源リサイクル
廃物吸収サービスの代替	・（企業内部の）公害防止サービス ・廃棄物処理サービス	

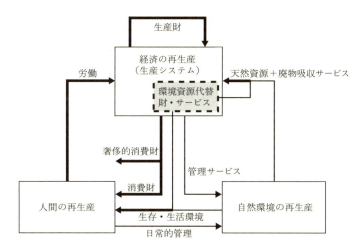

図1-6　環境資源の代替としての環境対策

　環境資源代替財・サービスは，経済の再生産の生産物の一種であるが，自然環境が豊富であったときには無償ないし極めて安価に得られていた自然環境の機能を代替するために，追加的な費用を用いて生産されるものであるという点で，他の生産物とは明確に異なる特性を有している．この意味で，経済と自然環境の再生産の関係を分析する際には，これを経済システムの他の生産物とは区別して取り扱うことに利点があると言える（図1-6）．

　1で触れたように，資本蓄積を駆動力とする生産システムは，自然環境を劣化させる傾向を持つ．従って，三つの再生産には，長期的には，自然環境の再生産の縮小と環境資源代替財・サービスの生産・消費の増大という内生的な構造変化の傾向があると考えることができる．ただし，その現れ方は，経済と環境の関係の形態に応じて異なってくる．

48　第Ⅰ部　理論分析

　環境資源の代替には，生産システムにおける代替と，人間の再生産におけ
る代替とがある．前者は生産過程における中間消費として現れる．典型例と
しては，産業廃棄物処理サービスの消費等が挙げられる．汚染防止のために
行われる企業内部での設備や労働の投入も，他の活動から切り分けることで，
当該企業による汚染防止サービスの中間消費として把握することができ
る[13]．後者は家計による最終消費として現れる．典型例としては水質悪化
により強いられたミネラルウォーターの購入等を挙げることができる．エコ
カー等の環境に配慮した財の購入も，かつて自然が無償で供給していた汚染
吸収サービス等の代替と理解することができる[14]．環境資源代替財・サー
ビスの生産・消費活動を環境対策と理解し，これに対する支出を環境対策費
用と定義する．

　環境対策費用は地代と密接に関係し，広義では重なる場合もある．前節ま
で，地代について明確に定義をせず広義で用いて議論してきたが，ここで，
これらの関係を明確化しておこう．環境資源を使用すると，これに権利を持
つ者に対して使用料（例えば土地借料，鉱業権や漁業権の使用料等）を支払
うこととなるほか，それによって自然環境が劣化し被害が発生すれば，被害
補償（例えば漁業被害補償，健康被害補償等）が必要となる可能性がある．
これらは環境資源に権利を持つ者に対する支払いであり，地代として扱うこ
とができる．

　一方，上記のように，我々は，環境資源を代替する財・サービスへの支出
を環境対策費用として把握する．ここで，環境資源の使用が増加すると，使
用料が増加するほか被害発生の蓋然性も高まり，地代が上昇することとなる
が，環境対策によって環境資源を代替すれば，地代の上昇を抑制することが
できる．したがって，地代と環境対策費用とは代替的な関係にある．なお，
地代と環境対策費用の概念は重なり合う場合もある．例えば，水域を管理す
る公社等に支払う排水課徴金や，排出量取引における排出権取得費用は，環
境資源の使用料金としての性格と環境資源を代替する対策の費用負担として
の性格を併せ持っている．

　他方，環境対策により環境資源の使用を抑制すれば，自然資本の減耗を抑
え，潜在的環境費用の増加を抑制することができる．すなわち，環境対策費

用は，地代とともに潜在的環境費用とも代替的な関係にある．

したがって，環境対策費用を地代，潜在的環境費用と同じ次元に置き，これらの環境関係費用を経済と環境の関係を表す重要な指標として位置付け，詳しく分析していくことが有効となる．そのための環境対策費用の定式化の方法について，次節で検討する．

環境対策は経済成長に対してどのような効果を持つのだろうか．環境対策費用は，生産システムにおける環境資源の代替の費用であり，企業における生産コストとして現れるので，それが増加すれば，基本的には利潤の減少と経済成長率の低下につながることとなる．

他方，環境対策によって天然資源の消費が削減されれば，それによる地代の抑制は，利潤の増加要因として働くこととなる（例えば，効果的な省エネルギー対策は経済的に割に合う可能性がある）．さらに，環境対策費用の支出は，個々の企業にとっては費用の増加であっても，一定の条件の下では，経済全体として見れば需要を増加させ生産の増加につながって，結果的に利潤を増加させる効果を持つ可能性もある．これがグリーン成長であると考えることができる．こうした効果について，第2章4等で詳しく分析する．

4 環境対策費用の定式化

経済と環境の関係の分析において，環境関連の費用，とりわけ環境対策費用は，調整の状況を金銭タームで表しているという点で，極めて重要な指標である．環境対策費用は各産業部門の他の費用の中に分散して含まれるため，これを明確に補足し定式化することが課題となる．

この方法を，環境・経済統合勘定（SEEA）を参照して検討しよう．環境・経済統合勘定は，SNA体系のサテライト勘定として国連統計局が中心となって検討を進めてきている勘定体系であり，これまでに1993年版と2003年版の2つのハンドブックが発行されている．1993年版では，SNA中の環境関係取引の分離，物量勘定の整備，帰属環境費用の推計と国内総生産の調整等の方法が示された．2003年版では，環境関係取引の分離，物量勘定と貨幣勘定の併記，資産勘定等が重視され，国内総生産の調整については慎重となっ

50　第 I 部　理論分析

表1–2　投入産出構造における環境資源代替財・サービス

		中間消費			最終需要				合計
		生産部門	環境資源 代替部門	計	消費	投資	輸出	計	
中間投入	生産部門	—	（垂直統合）	—	pC_p	pI_p	pEX_p	$\approx pY$	$\approx pY$
	環境資源 代替部門	p_eX_{ep}	—	p_eX_{ep}	$p_eC_e\approx0$	$p_eI_e\approx0$	$p_eEX_e\approx0$	≈0	$p_eE\approx p_eX_{ep}$
	計	p_eX_{ep}	—	p_eX_{ep}	$\approx pC_p$	$\approx pI_p$	$\approx pEX_p$	pY	$pY+p_eX_{ep}$
輸入	地代相当分	ρN_{mp}	ρN_{me}	ρN_m					
	その他輸入	pM_p	pM_e	pM					
付加価値	賃金	wL_p	wL_e	wL					
	利潤	rpK_p	rpK_e	rpK					
	地代	ρN_{dp}	ρN_{de}	ρN_d					
産出（輸入・ 付加価値計）		$pY-p_eE$	p_eE	pY					
合　計		$\approx pY$	p_eE	$pY+p_eX_{ep}$					

注：賃金率，利潤率，地代率が部門を通じて等しいと仮定している．

ている（United Nations, 1993; United Nations, et al., 2003）．ここでは，環境対策の経済影響をモデルにより分析する観点から，実際に支出された費用に焦点を当て，環境関係取引の分離の方法として示されている環境保護支出勘定の推計方法を基礎として，本研究の目的に沿って必要な変更を加え，環境対策費用の捕捉と定式化を行うこととする（United Nations et al., 2003, pp. 169-213）．

　環境対策は様々な部門により実施され，その費用も経済の連関の中で現れてくる．これを 2 で示した 1 部門の分配の等式に組み込むことができるよう，単純な形で把握する方法を検討する．

　環境・経済統合勘定における供給使用表の考え方を参考としつつ（Ibid., pp. 189-94），環境資源代替財・サービスの生産消費に焦点を当てて検討すると，経済の相互連関を「環境資源代替部門」とそれ以外の「生産部門」との 2 部門からなる投入産出モデルを用いて表すことができる（**表 1–2**）．

　このモデルでは，環境資源代替部門を，自らへの中間投入物を生産する活動を含むものとして定義する．そのため，生産部門から環境資源代替部門への中間投入を示す欄は空欄となっている[15]．また，各部門は単一の生産物を持つ統合された過程として認識されているため，対角欄も空欄となっている[16]．さらに，第 3 章において資源輸入国を分析するため，輸入を「地代

相当分」（環境資源の使用への対価に相当する部分．その大半は天然資源輸入に含まれていると考えられる）と「その他輸入」に分け，これらを付加価値とともに産出の要素として定義している[17]．

環境資源代替部門から生産部門への中間投入（X_{ep}）は，経済・環境関係における制度的調整に依存する変数である[18]．X_{ep}の増加は，環境資源の投入を代替し，地代（ρN_d）又は輸入中の地代相当分（ρN_m）を減少させるが，産出（Y）は直接的には増加させない．その価額（$p_e X_{ep}$）を，生産システムにおける環境対策費用として理解することができる．

ここで，生産システムにおける環境対策費用（$p_e X_{ep}$）には，企業内部の環境対策の費用と企業が他の企業から調達する環境対策の費用が含まれるほか，政府部門を明記しないこのモデルにおいては，政府が支出する環境対策の費用についても，相当程度の部分が含まれると見なして分析することができる．すなわち，産業への賦課金と補助金を組み合わせた政策，例えば，炭素税と省エネルギー補助のパッケージ政策，再生可能エネルギーの固定価格買取り制度（産業から支払われる料金の部分）等は，政府機関により仲介された産業内部の中間消費であると見なすことにより，生産システムにおける環境対策費用に含めて理解することができる．

他方，このモデルでは，消費における費用（$p_e C_e$）については捨象している．これは，家計最終消費支出においては，環境対策費用について，若干の増加はあったとしても消費支出総額を増化させるほどの大幅な増加はこれまでのところ起こっていないとの認識に基づく．しかしながら，家庭部門の環境負荷削減対策の重要性に鑑み，最終需要における費用についてさらに研究を進めることは，今後の重要な課題である．

以上の整理により，環境対策費用を経済理論と整合的に把握し，一部門のモデルに組み込むことが可能となる．賃金率，利潤率，地代率が部門を通じ均一との仮定の下で，各生産要素を環境資源代替財・サービスの生産に用いられる部分とそれ以外の生産に用いられる部分とに分割すると，2の（1）式（粗ターム）は次式のように変形できる．

$$pY = rpK_p + wL_p + \rho N_p + p_e E \quad \cdots\cdots\cdots\cdots\cdots\cdots\cdots\cdots\cdots (5)$$

ただし，

図1-7 環境対策費用を含む分配モデル

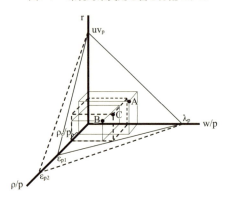

$$p_eE = rpK_e + wL_e + \rho N_e \cdots\cdots\cdots\cdots\cdots\cdots\cdots\cdots\cdots\cdots(6)$$

ここで，E は環境資源代替財・サービス消費（X_{ep} に相当する）を，p_e はその価格を[19]，$K_e, L_e,$ 及び N_e は各生産要素のうち環境資源代替財・サービスの生産に用いられる部分を，$K_p, L_p,$ 及び N_p は各生産要素のうちその他の生産に用いられる部分（以下，それぞれ「生産資本」，「生産労働」，及び「生産資源」と呼ぶ）を表す．

産出で標準化すると，(5) 式は次のように変形できる．

$$1 = r/uv_p + w/p\lambda_p + (\rho + \rho_e)/p\varepsilon_p \cdots\cdots\cdots\cdots\cdots\cdots\cdots(7)$$

ここで，$v_p = \bar{Y}/K_p$ は潜在産出・生産資本比率を，$\lambda_p = Y/L_p$ は生産労働生産性を，$\varepsilon_p = Y/N_p$ は生産資源生産性を，$\rho_e = p_eE/N_p$ は生産資源消費一単位当たりの環境対策費用を表す．

この等式は，環境対策費用を分配の要素として定式化している．このモデルでは，前述のように定義上 E の増加は Y を直接には増加させないので，v_p, λ_p は ρ_e との関係において一定である．従って，ρ_e の増加は，第 3 項の値を増加させ，r 又は w/p を減少させる．一方，E の増加により N_p が代替され ε_p が上昇するので，これらの減少は一部相殺されることとなる．この関係もまた，分配フロンティア平面として示すことができる（**図 1-7**）．例えば，経済が A の状態にある場合，環境対策費用 ρ_e/p が追加されれば B の状態に移動するように見えるが，資源生産性 ε_{p1} が ε_{p2} に上昇するため，分配フロ

ンティア平面がシフトし，実際には C に移動することとなる．

さらに，環境対策費用の増加は，需要を増加させ，稼働率 u を上昇させる場合がある．この場合，分配フロンティア平面は r 軸に沿ってさらに外側にシフトし，C はさらに外側に移動しうることとなる．

これらの効果によって，環境対策は，利潤率を必ずしも低下させるとは限らず，上昇させる可能性を持つこととなる．上昇させる場合を「グリーン成長」として理解することができる．これらの関係については，第 3 章で詳しく分析する．

第 1 章のまとめ

本章では，理論的分析の土台となる枠組みを構築した．まず，社会経済システムを経済の再生産，人間の再生産，自然環境の再生産という三つの再生産の相互作用として捉えた．これら再生産の間の関係は，社会の中で制度によって調整される．経済の再生産は，利潤を得て成長するために，他の再生産系から生産要素すなわち労働と環境資源をより多量に取り込もうとする．しかしそうした量的拡大はいずれ限界に達する．労働についてルイスの転換点があったように，環境資源についても何らかの形での転換が避けられないことが，改めて明らかになった．

この三つの再生産の概念を数式による分析につなげるために，利潤，賃金，地代の三次元の分配の等式として表した．自然環境の劣化は，地代に反映されない自然資本の減耗として表現される．自然環境が劣化して環境資源の供給が減少すると，これを代替するために追加的な経済活動が必要となる．これが環境対策である．経済の連関の中からそのための費用（環境対策費用）を抽出して明示することによって，環境対策を組み込んだ三次元の分配等式を作成した．

以上によって，経済と環境の関係の制度的な調整を，概念及び数式の両面で分析するための基本的枠組みが整った．

これを基礎として，次章において，制度的調整の動態と成長レジームへの影響をレギュラシオン理論に基づいて分析し，さらに第 3 章において，カレツキアン・モデルを応用して環境対策の経済成長への影響を分析していく．

第2章　制度的調整と成長レジーム

　第1章で示したように，社会経済システムを三つの再生産により構成されているものと認識すると，それら再生産の相互関係は，分配をめぐる問題を中心とした関係主体間のコンフリクトを経て，様々な制度によって調整されているものとして理解することができる.

　我々が分析しようとしている「環境対策」は，経済の再生産と自然環境の再生産の関係の制度的な調整として把握される. そして，環境対策と経済成長の関係は，この制度的な調整の態様が経済成長にどのように関係しているかという問題として理解されることとなる.

　この制度的調整がどのように行われているのか，そしてそれが経済成長にどのように関係しているかを理論的に分析する上で，レギュラシオン理論が有効な枠組みを提供してくれる. 本章では，レギュラシオン理論を基礎として，環境と経済の制度的調整の動態及び成長レジームへの影響を概念的に分析していく.

1　6番目の制度形態としての「経済・環境関係」

　レギュラシオン理論は，資本主義経済を本来は矛盾と不安定性を持つものとして認識した上で，それが中長期の期間にわたり成長を持続することがあるのは，制度的な調整の結果であると理解する. このような中長期の蓄積の規則性として理解される「蓄積体制」と，これを可能にする諸力・諸過程の総体である「調整様式」は，時代や国により異なるものと認識され，それらの時間的・空間的に異なる態様が分析される.

　調整様式を具体的に構成する「制度形態」として，次の五種類が挙げられ

ている．すなわち，貨幣体制から金融のルールを含む「貨幣・金融の形態」，
労働力の使用と再生産を規定する諸条件の総体としての「賃労働関係（Wage-
labor nexus）」，自由競争か寡占的競争かといった「競争形態」，安価な政府
か介入国家かといった「国家の形態」，国際体制のあり方やそれへの各国の
編入のあり方という「国際体制への統合形態」である．これらのうち最初の
3種類は基本的なものであり，最後の2種類はそれらの作用空間に関わるも
のである（Boyer, 1986, 2000; 山田, 1991）．

　前者の3種類の制度形態を第1章の三つの再生産の概念に照らして整理す
れば，賃労働関係は人間の再生産と経済の再生産との関係の調整に対応し，
貨幣・金融形態と競争形態は，経済の再生産の内部での調整に対応すると理
解することができる．ここで，第1章で示したように，三つの再生産におい
て自然環境の再生産が欠くことのできない役割を果たしており，その希少性
が顕在化していることに鑑みれば，自然環境の再生産と経済の再生産との関
係も，制度的調整の重要な分野として認識されるべきであると言える．従っ
て本書は，自然環境の再生産と経済の再生産との関係の制度的調整を「6番
目の制度形態」として認識することが有効と考える[1]．本書では，これを「経
済・環境関係（Economy-environment nexus）」と呼ぶこととする．

　経済・環境関係は，社会経済システムにおける自然環境利用の形態であり，
生産技術と同時に社会的に定められた制度に依存し，時間的・空間的に異な
るものとして定義される．経済・環境関係は，他の制度形態と相互に関連し
つつ，調整様式の一部を構成し，成長レジームに影響を与えうる．

　制度形態の一つとして経済・環境関係を分析することは，特に環境制約が
厳しくなっている局面においては，調整様式の全体像及び成長レジームとの
関係をより包括的に理解することに資すると考えられる．

2　制度的調整の動態

　経済・環境関係を分析するためには，まず，その調整が，何を原動力とし，
どのような主体によって，どのように行われているのか，その動態を明らか
にすることが必要となる．以下で，その基本的な構造を整理していこう．

第1章で見たように，市場経済と資本主義に基づく生産システムは，より大きな利潤を得てより多く蓄積するために，自然環境が提供する環境資源，すなわち天然資源や廃物吸収サービスを，より少ない地代により，より少ない管理サービスの提供によって，より多量に使用しようとする傾向がある．その結果，再生産能力を超えて過剰に使用されると，自然環境の劣化が起こる．こうして起こる自然環境の劣化は，二つの経路により生産システムにフィードバックを与える．

第一に，対象となる自然環境が私的財産である場合には，維持管理のための費用の上昇や市場における希少性の上昇，さらには，取引における交渉力の変化を反映して，地代が上昇することとなる．

第二に，対象となる自然環境が公共財である場合には，自然資本の減耗が生じ，その結果，人間の再生産への環境資源の供給の減少，すなわち生存環境や生活環境の悪化が発生し，環境問題が発生することとなる．これにより，自然環境の劣化を引き起こす者とそれによる被害を受ける者というアクターの間でのコンフリクトが引き起こされる．これが，環境保全の対策を求める制度の形成の原動力となる．

環境対策は，社会全体により負担される潜在的環境費用を減少させる一方で，典型的には生産者により負担されることとなる対策費用を発生させる．従って，これは，アクター間での環境関係費用の分配をめぐるコンフリクトとして理解することができる．

環境対策の諸制度を，こうしたアクター間の利害対立を通じて形成された妥協として理解することができる．ここで，制度は，法制度，協定，共有された行動規範を含む，様々な形態を取る．

環境対策をこのように理解することには，次のような利点がある．すなわち，第一に，環境対策に関する研究や言説はしばしば，どのような対策が実施されるべきかという規範的な議論に集中しがちだが，そうではなく，現実の社会において，どのようなメカニズムによってどのような対策が取られており，また取られていないのかを理解することを可能としてくれる．実際，市場メカニズムを重視する経済学は効率的な経済的手法を実施すべきと，また，地球生態系を重視する環境科学は地球の許容量に従った総量の管理を実

58　第Ⅰ部　理論分析

施すべきと，それぞれ主張しながら，それがどのようにしたら実現されうる
のかについてはいずれも多くを語らないが，未来への展望を得るためにはこ
の点が重要なのである．第二に，後述するような制度の変化を説明する様々
な概念を参照することにより，蓄積体制や他の制度形態との関係の中で，環
境対策の制度の変化の要因を分析することが可能となる．第三に，環境関連
費用に関する分配の問題として環境対策を理解することによって，分配に関
する各種の分析枠組みを応用して，環境対策と成長レジームとの関係を分析
することが可能となるのである．

　環境対策の諸制度についての上記のような理解に基づいて，制度的調整を
構成するアクター，そして調整が行われる場について，より詳しく見ていこ
う．

　制度的調整の原動力となるアクターの基本的構造は，環境問題の発生によ
り被害を受ける者が環境対策の制度の強化を求めるアクターとなり，環境問
題の発生の原因者が制度の強化に反対するアクターとなるというものである．
その背景には，潜在的環境費用に関する分配を巡るコンフリクトがある．

　これらのアクターは，個人や法人が単独で活動するだけでなく，利害が合
致する者の集団として活動する．例えば被害者については，公害被害者が地
域，さらには全国で団体を作って活動する例がある．原因者については，業
種ごとの業界団体や業種横断的な産業団体が活動する．さらに，これらの主
体の直接的な活動するだけでなく，これらと連携する他のセクターの活動が，
アクターとしての機能を強化する場合がある．例えば，特定の政府機関（省
庁など）や政治の中の特定の集団（族議員など）が，いずれかの側の立場を
重視して行動することが多い[2]．科学者も環境問題に関する科学的知見に基
づき個人や集団として情報を発信するほか，特定の立場にコミットした行動
を取る場合もある．また，新聞等のメディアが利害調整に重要な影響を及ぼ
す場合も多い．

　具体的なアクターの関係は，問題のタイプや社会的構造の特性に応じて異
なってくる．そして，環境対策を求めるアクターが反対するアクターとの相
対的関係においてどの程度の強さを持っているかが，環境対策の制度の性質
に大きな影響を与えることになる．

特定の環境対策制度の性質を，アクターの構造と関連させて，理解することができる．例えば，地域での産業公害においては，環境対策を求める中心的なアクターとして公害の被害者という明確な主体があり，このことが，（遅れはしたが，）強力な公害規制の導入と強化につながったと言える．

一方，地球環境問題においては，被害者が空間的，時間的に拡散し，不明確となり，環境対策を求めるアクターは弱くなりがちである．このことが，対策制度の形成の遅れや，自主性や柔軟性を重視した緩やかな制度となりがちであることの要因となっていると言える．

このような直接的な被害者が不明確な問題においては，他者の被害を認識あるいは予見して，その軽減のために行動しようとする個人の意識が，対策制度の強化を求めるアクターを生み出して行く必要があるのかもしれない．例えば，欧米諸国では，市民の高い環境意識を背景として，多数の会員を擁する大規模な環境 NGO が発達してきている．こうした団体は，それぞれの国の政治において圧力団体として影響力を発揮しているほか，環境条約の国際交渉などの場においても一定の影響力を持ってきている．ドイツなど一部の国では，政治において「環境」が票につながり，「緑の党」を生み出すまでになっている．

次に，調整が行われる場について検討しよう．制度は，社会が自らを統治するガバナンスの特定の場において形成され，定着される．レギュラシオン理論が強調してきたように，その最も重要なものが国家である．しかし，環境問題は，空間的に地域レベルから地球レベルまで様々な規模で発生する．地域レベルの問題については，国家のみならず，コミュニティや地方公共団体が重要な役割を果たす．地球環境問題においては，制度の形成は，国家レベルとともに，国際機関や国際条約を含む国際レベルでも理解される必要がある．

ここで，原因となる活動，被害の発生，ガバナンスの場所といった，アクター間のコンフリクトの調整に関わる各段階には，それぞれの固有の空間的スケールや時間的スケールがあることに注意する必要がある．例えば産業公害においては，健康被害は地域で発生するが，有効な対策には国家レベルの政策決定を要する場合が多い．酸性雨においては，国境を超えて被害が発生

60　第 I 部　理論分析

表2–1　「調整の空間的・時間的乖離」の構造

	産業公害問題	越境汚染問題	地球規模の環境問題
例	水質汚濁，大気汚染等	酸性雨，漂着ごみ等	地球温暖化，生物多様性の減少等
構造	国家／大企業／地域住民（乖離）	国際ルール／国家／国家／原因国の企業／被害国の住民（乖離）	先進国／新興国／島嶼国，最貧国等／グローバル化する経済活動／地域住民／将来世代（乖離）
乖離の態様	中央資本の工場等からの汚染により，地方の住民に被害が発生する．規制を行いうる中央の政治に，被害者の声は直ちには届きにくい（空間的乖離）．	酸性雨等の国境を超える汚染により，近隣国の住民に被害が発生する．被害者の声は，国家間の交渉を経て条約などの国際的ルールが作られるまでは，原因者には届かない（空間的乖離）．	先進国，新興国を中心とする経済活動により気候変動などの地球規模の問題が発生し，特に島嶼国や最貧国の住民に重大な被害が発生する．国際的制度を作る統治メカニズムは弱く，各国の制度も経済のグローバル化により弱まっている（空間的乖離）．さらに，気候変動等により最も大きな損失を被るのは将来世代だが，現在の政治においては発言できない（時間的乖離）．

し，国単位では有効な対策を講じることができない．気候変動の被害は，国境に関わりなく地球規模で生じるのみならず，時間を超えて将来世代に発生することとなる．

　このように空間的スケールや時間的スケールに乖離（ギャップ）があると，被害から制度的調整に至るフィードバックの経路が円滑にはつながらない．このことが，対策の遅れや被害の拡大につながると考えることができる[3]．本書では，こうした現象を，経済・環境関係の制度的調整を理解する上で重要なものとして捉え，「調整の空間的・時間的乖離」と呼ぶこととする．その構造を問題の種類に即して整理すると，**表 2–1** のように表すことができる．

　このような調整の乖離がある場合，制度が形成されるためには，こうした乖離を埋めるための政治的過程が必要になる．例えば，地域的な産業公害に直面して，地域の被害者の声を国政につなげる上で，マスメディアや訴訟など民主主義の様々なルートが重要な役割を果たしてきた．地球環境問題に対しては，科学者や環境 NGO が警鐘を鳴らし，国際交渉を経て，複数の環境条約が締結されてきた．最近では，環境 NGO がグローバル企業や機関投資家に働きかけることで，国家や国際機関を経ずに経済活動に直接影響を及ぼ

そうとするアプローチも試みられている.

　調整の乖離があることにより，問題の発生から制度による調整までに時間がかかる傾向がある．このため，環境関係の費用においては，まず，自然資本の減耗による潜在的環境費用（第1章2の d_e）が拡大し，その後に遅れて地代率（同じく ρ）と環境対策費用（第1章4の ρ_e）が増加するという，一般的な傾向があると考えられる．このことは，4で分析する環境対策と成長レジームとの関係に含意を持つこととなる.

3　危機と制度階層性の下での制度変化

　レギュラシオン理論では，ある領域の制度形態は，他の制度諸形態，さらには蓄積体制との相互作用の中で形成され，変化していくものとして理解される．様々な制度と生産システムとを，いわば共進化していくものとして把握する認識であると言える．経済・環境関係の制度の変化を，そうした他の制度及び蓄積体制の変化との関係の中で理解していくことができる.

　様々な制度諸形態によって調整様式が構成され，これに支えられて蓄積体制が成立すると，安定的な成長が実現されることとなる．しかし，それらが機能しなくなると「危機」が発生し，制度諸形態の構造が変化を迫られることになる．調整様式が有効に機能し続けると，まさにその結果として，いずれはその調整能力の可能性が汲みつくされてしまい，危機が発生する．危機には外生的なショックによるものもあるが，レギュラシオン理論では，こうした内生的な危機が特に強調されてきた[4]．例えば，フォーディズムによる戦後黄金期の蓄積体制は，テイラー主義的労働編成と大量生産による生産性上昇の可能性を使い果たして危機を迎え，賃労働関係の制度形態が再検討を迫られるようになったと考えられている（Boyer, 1986; 山田, 1991）.

　こうした概念を用いて経済・環境関係について考えるとき，例えば，上記のフォーディズム的蓄積体制は，環境の面で危機につながる内生的なメカニズムを持っていたと理解することができる．すなわち，この蓄積体制は大量生産による生産性上昇を本質的な特性とするが，大量生産は大量廃棄も伴い，環境資源を費消するので，いずれは地代などの環境関連費用が増加し，利潤

62　第Ⅰ部　理論分析

が影響を受けることになる．それが 1960 年代から 70 年代に公害の深刻化と石油危機として顕在化したと考えることができる．さらにこのメカニズムは，フォーディズム後も本質的には継続し，今日，地球生態系の危機として，より根本的な形で現れていると考えることができる．

　制度形態の間での相互作用は，制度補完性及び制度階層性の概念に照らして分析される．制度補完性は，ある領域の制度の有効性が別の領域の制度によって条件づけられており，それによって，より強靭で効果的な構造となっている状態を指し，制度階層性は特定の制度形態が相対的な重要性を持ち，その論理を他の制度形態全体に課して，調整様式に支配的な影響を与えている状態を指す（Amable, 2003; Boyer, 2004, 2005）．制度補完性の概念は青木（Aoki, 1996）によって提唱されて以来，制度の経済学において広く用いられている．レギュラシオン派は，動的な制度変化を重視し，特に制度階層性の下での補完性を強調している．制度階層性において支配的な制度形態の変容は，他の制度形態の変化を促していく．また，制度階層性は歴史の中で逆転することがあり，その場合には，階層性の上位に位置することとなった制度形態の論理に従って，他の制度形態が変化させられることとなる（Boyer, 2004, 2005）．例えば，戦後の高成長の時代には賃労働関係が卓越しており，その変化は他の様々な制度形態に浸透していったが，1990 年代には国際体制と金融形態が取って代わり，経済の国際化と企業統治の金融化は，賃労働関係にも大きな変化をもたらしていった（Boyer, 2000）．

　経済・環境関係についても，制度補完性及び階層性の概念を用いて，制度の形成と変化を分析することができる[5]．これまでは，経済・環境関係は一般に制度階層性の下位に位置していると考えられるので，その特定の形態を，より上位に位置する他の制度形態との補完性という観点から理解することができる可能性がある．例えば，高度成長期においては，制度階層性の上位にあった賃労働関係において賃金引上げ等の労働側の要求を受けた妥協が成立するとともに，これがケインズ的な福祉国家と結びついていたとされているが，日本の 1970 年頃以降に公害被害者の訴えを受けた妥協として，国による規制制度が整備されていったことは，これらと補完的であったと考えられる．他方，近年は，グローバルな競争を軸とする国際体制が制度階層性にお

いて優越し，他の制度形態に大きな影響を与えている．環境対策制度においては自主性や柔軟性を重視する傾向が見られるが，その要因を理解する上で，競争的な国際体制との補完性という視点が助けとなると思われる．他方，今後環境制約が一層厳しくなっていけば，経済・環境関係における制度的調整のあり方が他の領域の制度諸形態に影響を及ぼすようになる可能性がある．すなわち，制度階層性において，経済・環境関係の重要性が大きくなり，ひいては調整様式全体にも影響するようになる可能性がある．その際には，気候変動のような地球規模の問題が対象となるため，経済・環境関係の制度的調整は，国際体制のあり方と密接に関わりながら変化，進展していくこととなるだろう．

　構造的な危機を迎えると，制度階層性の変化を伴いながら，新たな政治的な調整と妥協によって制度が形成・変化し，調整様式と蓄積体制が模索されていく．そのとき，各領域の制度的調整が整合的となり，新たな蓄積体制と両立的となることが前もって保証されているわけではなく，制度は常に相互に調整されながら，共進化していく（Boyer, 2004, 2005）．したがって，各領域において形成される制度は，制度階層性の構造及び蓄積体制との関係において両立的であれば安定的なものとなるが，そうでなければ変更を迫られ不安定なものとなる可能性があるのであり，それは，経済・環境関係の制度においても同様である．こうした理解は，将来の経済・環境関係における様々な制度の実現可能性について展望を得ようとする際に，重要な含意を持つことになる．

4　成長レジームとの関係

　経済・環境関係は，前節で見たように，蓄積体制及び他の制度諸形態と相互作用しつつ形成され変化していく．経済・環境関係と蓄積体制との相互作用，特に経済・環境関係が蓄積体制にどのような影響を与えるかは，環境対策と経済成長との関係を考える上で極めて重要である．ここで，この関係について詳しく分析しよう．なお，レギュラシオン理論の最も基本的な用語法では蓄積体制という用語が用いられているが，以下では，より広い文脈で用

64　第Ⅰ部　理論分析

図2–1　成長レジームの基本的構造

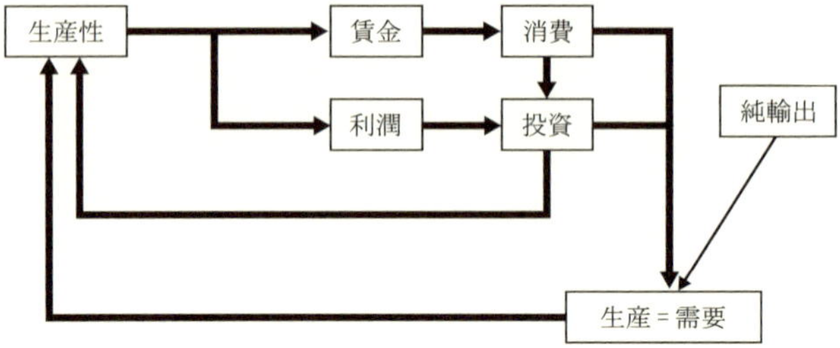

生産性 → 賃金 → 消費

生産性 → 利潤 → 投資

純輸出

生産＝需要

いやすいように，主に「成長レジーム」という用語を用いることとする．

　まず，成長レジームの基本的な構造を確認しておこう（**図2–1**）．成長レジームは，生産と生産性との関係を軸として把握される．生産性は，外生的な技術革新により上昇するのみならず，生産の増加による動学的規模の経済の効果と投資により実現される技術進歩とを通じて，内生的に上昇する．図中の右下の「生産」と中央の「投資」から左上の「生産性」に至る二本の矢印によって表現されており，「生産性レジーム」と呼ばれる．生産性の上昇は，一定の制度的な調整の下で賃金と利潤に分配され，消費と投資に充てられ，需要を増加させる[6]．図中の「生産性」から「消費」又は「投資」を経て「生産」に至る矢印によって表現されており，「需要レジーム」と呼ばれる．生産は完全稼働に達していない状態においては需要に規定されており，需要は生産を増加させる．そして，生産と投資の増加は，再び上記経路を通じて生産性を上昇させる．

　先進諸国の戦後の高度成長の時期においては，賃労働関係を中心とする制度的調整に支えられて，大量生産・大量消費の下でこれら効果が累積的に働き（累積的因果連関と呼ばれる），一般にフォーディズムとよばれる成長レジームとして機能した（Boyer, 1986; 山田 , 1991）．他方，異なるタイプの成長のメカニズムがこれまでにあり，また今後もあり得ることに留意する必要がある．例えば，1990 年代の米国では金融を駆動力とする成長レジームが表れた（Boyer, 2000）．

　以上のような成長レジームに対して，経済・環境関係は，様々な経路を通じて影響を与える．鍵となる変数として地代と環境対策費用に焦点を当てな

第2章 制度的調整と成長レジーム　65

図2-2 「経済・環境関係」と成長レジームの関係

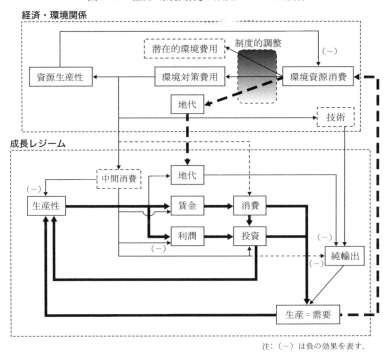

注：（－）は負の効果を表す．

がら，経済・環境関係から成長レジームへの影響を整理すると，図2-2のように表すことができる．以下で，具体的な経路について，順次検討していこう．

4.1 環境資源の消費増加による効果

経済・環境関係においては，環境資源の消費に対応して，地代，環境対策費用，及び潜在的環境費用の水準が，市場とともに制度による調整の下で決定される（図中の上部の「制度的調整」の部分を通過する3本の矢印の経路）．

経済成長は，資源生産性が上昇しない限り，環境資源の消費を増加させる．それが自然環境の再生産能力の範囲内であれば，地代は低い水準に止まり，環境対策費用も発生しない．この場合には，経済・環境関係は成長レジームに影響は与えない．環境資源の消費が自然環境の再生産能力の範囲を超えた

場合であっても，公共財であること等により地代が低い水準に抑えられ，環境対策も講じられない場合には，潜在的環境費用を発生させつつ，同じ状況が維持される．特に，海外を含む遠隔地や将来世代において潜在的環境費用を発生させる場合には，「調整の空間的・時間的乖離」により，こうした状況が生じやすくなると考えられる．こうして環境資源の消費量を増大させながら，相当の期間，成長を続ける場合がある．

　レギュラシオン理論では，19世紀に見られた低賃金労働の投入量の拡大や重工業のあいつぐ確立を特徴とする蓄積体制を「外延的蓄積」と呼び，20世紀に見られた労働生産性の持続的な上昇に支えられた蓄積体制を「内包的蓄積」と呼んで，対比している（Aglietta, 1976; Boyer, 1986; 山田, 1991）．これらの概念は，文脈及び研究者により幅のある意味で用いられているが，本書の三つの再生産の認識に沿って，特に生産システムの外部で作られた生産要素の利用に着目し，その量的拡大に基づく蓄積を外延的と呼び，生産性の上昇に基づく蓄積を内包的と呼ぶこととすると，労働とともに環境資源にこれらの概念を適用することができる．上記のように地代率や環境対策費用の上昇なしに環境資源の消費量を拡大させることは，成長レジームに寄与していると考えられ，こうした成長レジームは環境の面において外延的な性質を持っていると考えることができる．

　一方，環境資源の消費が拡大し続ければ，長期的には地代率の上昇がすう勢になる（図中の太い破線矢印の回路）．地代率が上昇すると，賃金と利潤への分配が減少する．その効果は，資源生産国にあっては，地代からの貯蓄性向といった経済の特性に依存することとなるが，資源輸入国にあっては，経済からの漏出として働き，需要が減少することとなる．これは，フォーディズムのように大量生産・大量消費の下で資源消費を拡大させる成長レジームは，それ自身の基盤を掘り崩す内在的なメカニズムを持っていることを意味しており，このことが成長レジームの危機に寄与する可能性があると考えることができる．

　現時点で地代率が上昇していなくても，前述のように，遠隔地や将来世代に潜在的環境費用を発生させている場合，一定の時間が経過すれば被害が顕在化し，補償等のために費用が上昇する可能性が高い．これは，タイムラグ

を持った地代率の上昇と考えることができる．今日の状況は，人間の経済活動の規模が既に地球生態系の限界を超えていると考えられており，早晩，こうした広義の地代の上昇が生じると考えられる．これは，資源消費を拡大させるこれまでの成長レジームによる内生的な危機が，タイムラグを持ちつつも，顕在化してきているものと考えることができる．

4.2 環境対策費用の増加による効果

環境資源の消費の拡大が続き，潜在的環境費用が増大していくと，いずれは社会的なコンフリクトを経て制度が形成され，環境対策費用が増加することとなる．環境対策費用が増加すると，成長レジームに対して，需要レジームと生産性レジームの双方を通じて影響を与える．

需要レジームへの影響は複数の経路を通じて作用する．第一に，環境対策の効果として，資源生産性を高め，環境資源の消費を抑制し，地代を減少させる．これは，資源輸入国にあっては輸入を減少させる．本書では，この効果を「資源節約効果」と呼ぶこととする．

第二に，分配の変化を通じて需要に正負両面の影響を与える．環境対策費用の増加は環境資源代替財・サービスの消費の増加を意味するが，中間消費としての環境資源代替財・サービスの場合は，その生産のための労働と資本の投入の増加を伴う一方，経済全体の付加価値を直接には増加させない．これは，数量調整の下で実質賃金が一定と仮定すれば，賃金総額の増加と利潤の減少に反映される．ここで，賃金総額の増加は消費の増加につながり，利潤の減少は投資の減少につながるほか，費用の増加は競争力に影響して輸出を減少させる可能性もある[7]．以上の効果は，費用増加から分配を経由して複合的に需要を変化させる効果であり，本書では「費用需要効果」と呼ぶこととする．

第三に，消費財・サービスとしての環境資源代替財・サービスの場合には，その消費増は最終需要を増加させ産出を増加させる可能性があるが，これが起きるのは，消費性向全体の値が変化し消費支出総額が増加するような，大きな増加がある場合に限られる．

第四に，環境資源代替財・サービスへの需要の増加は，その生産のための

投資を増加させる．環境資源代替財・サービスは新しい範疇の生産物であるので，その消費の増加は，それを生産するための新しい種類の資本設備を必要とし，従って投資を増加させる．ただし，この効果は，当該需要が増加している間にのみ働くことに留意を要する．この効果を，本書では，「環境投資誘発効果」と呼ぶこととする．

　第五に，環境対策の実施は，「ラーニング・バイ・ドゥーイング」を通じて，環境技術の革新を促進する．2.で触れたように，「調整の空間的・時間的乖離」により環境対策費用は環境問題の発生から相当の遅れを伴って上昇する傾向があるが，これも踏まえれば，環境資源代替財・サービス消費の上昇が世界的に長期的趨勢となる可能性が高い．その場合には，環境技術の革新は，競争力の強化を通じて輸出の増加につながると考えられる．この効果は，環境資源代替財・サービスの消費拡大という構造変化の趨勢の中での先行者利益として理解することができる．これは環境対策の経験が一定程度蓄積してから後に現れる効果と考えられる．この効果を，本書では「輸出競争力効果」と呼ぶこととする．

　これらの効果は，それぞれのメカニズムを反映して，異なる時間軸で働く．単純化すれば，第一から第三までの効果は，中期的に継続する効果として理解でき，第四の効果は短期の，第五の効果は中長期の効果として理解することができる[8]．

　次に，生産性レジームへの影響について検討すると，環境対策は，環境資源の代替とともに前述の投資と技術革新の促進を通じて，資源生産性を上昇させる一方，中間消費のための労働と資本の追加的投入を通じて，労働生産性と資本生産性を低下させる効果を持つ．これは，生産性レジームと需要レジームとの間の累積的因果連関を弱める可能性がある．

　以上のような複層的な効果は，総体として見た場合，経済の状態と環境対策の性質に応じて，成長レジームの構造を支持する場合と阻害する場合とがあると考えられる．例えば，環境対策が資源輸入の減少につながるような資源輸入国で，かつ，環境技術の向上が輸入競争力につながるような工業立国であるような国において，投資が利潤よりも需要に反応して増加しやすく，消費が賃金所得増加に反応して増加しやすいような経済状況の下では，環境

対策による費用増加は，需要レジームを支持して需要を増加させ，経済成長にプラスの効果を持つ可能性が高いと考えられる．一方，これら条件が逆の場合は，需要レジームを阻害する可能性が高いと考えられる．また，労働力や資本に余力がない場合には，もし環境対策により労働生産性及び資本生産性が低下する効果が大きければ，経済成長の限界を顕在化させる可能性もある．経済が完全雇用，完全稼働に達して生産能力に余力がない状態にあれば，図 2–2 に示された「需要＝生産」という関係が成立せず，生産は供給に規定されるようになるからである．

　現実の経済に即してこれらの効果を検討することによって，グリーン成長の可能性を分析することができる．また，これらの総体としての効果は，モデルを用いることによってより明確に分析することができる．

第 2 章のまとめ

　本章では，経済と環境の制度的調整の形態をレギュラシオン理論の 6 番目の制度形態と位置付け（これを「経済・環境関係」と呼ぶこととした），その調整の動態や成長レジームとの関係を分析してきた．

　環境対策の制度は，環境の劣化によって被害を受ける住民などがアクターとなり，利害関係者間のコンフリクトを経て，社会的な妥協として形成される．こうした理解に立つと，原因者，被害者及びガバナンスの場所の空間的・時間的なスケールに差があると，利害調整が進まず，必然的に制度の形成が遅れることが分かる（これを「調整の空間的・時間的乖離」と呼ぶ）．地球環境問題においては，被害者が空間的・時間的に拡散してしまうので，環境NGO などの役割が重要となるのである．

　様々な領域の制度は，その時点で規定的な役割を持っている制度形態の影響の下で（制度階層性），他の制度と補完的な関係を構成しながら（制度補完性），形成され，変化していく．環境対策の制度についても，1970 年代までの福祉国家的な諸制度との関係や 1990 年代以降の競争的な国際体制との関係を考慮することで，その変化をより深く理解することができる．

　経済・環境関係の制度形態は成長レジームに様々な経路で影響を与える．環境対策費用の増加は，需要レジームにおいて，資源輸入の削減，対策のた

めの中間消費の増加，対策投資の誘発，技術革新による競争力向上等を通じて，需要増加の効果を持つ可能性がある一方，生産性レジームにおいて，労働生産性と資本生産性を低下させる効果を持つ．これら全体としてどのような効果を持つかは，経済の構造等に依存することとなる．

以上の概念的な枠組みは，特定の時期及び地域の経済・環境関係を特徴づける際に特に有効である．第6章において，これらを用いながら，戦後から今日までの日本を対象とした実証的分析を行う．また，成長レジームへの総体としての効果をより明確に分析するために，次章で，カレツキアン・モデルを応用して，経済・環境関係と成長レジーム，特に需要レジームとの関係を分析するモデルを構築する．

第3章　環境経済分析のためのカレツキアン・モデル

　環境対策は，様々な経路で経済成長に影響を与える．本章では，その効果を分析するためのモデルを構築する．前章で分析した経済・環境関係と成長レジームとの間の関係，とりわけ需要レジームへの多面的な影響をより明確に表現し，それらが総体としてどのような効果を持ちうるのかを分析していく．その方法として，本書はカレツキアン・モデルを用いる．

　カレツキアン・モデルは，有効需要の原理をケインズと同時期に，しかし別個に発見したカレツキに淵源を持つ．有効需要に対するカレツキのアプローチはケインズのアプローチよりも優れていると，ロビンソンやカルドアは示唆している（Lavoie, 2004）．カレツキは，寡占的経済における価格設定がマークアップにより行われること，稼働率が100%ではない状況下では単位費用一定で増産できること等に着目した．これらの観点を組み込んだ成長モデルが構築され，改良，発展してきた．カレツキアン・モデルは柔軟であり，ポスト・ケインジアン，構造学派，レギュラシオン学派などの多くの異端派経済学にとって共通の基盤となっている（ibid.）．生産費用の増加が利潤率を逆に上昇させる場合があるという「費用の逆説」も，このモデルによって分析されてきた（Rowthorn, 1982）．

　第1章で示した分配の等式を基礎として環境の要素を組み込むことによって，環境対策費用の経済成長への影響を分析するカレツキアン・モデルを得ることができる[1]．環境対策をめぐり，今，費用の増大を懸念する声と，新たな需要分野として期待する声とが交錯している．環境対策による「費用の逆説」を分析することによって，これを解きほぐし，「グリーン成長」の可能性と条件を分析していく[2]．

72　第 I 部　理論分析

1　環境対策費用と地代を組み込んだ基本モデル

Lavoie（1992; 2010）と Blecker（2002）を参照すると，閉鎖経済の基本的なカレツキアン・モデルは，次の 3 つの等式によって表すことができる.

$$r = \pi uv \quad\cdots\cdots\cdots\cdots\cdots\cdots\cdots\cdots\cdots\cdots\cdots\cdots\cdots\cdots\cdots\cdots (8)$$

$$g^s = s_r r \cdots\cdots\cdots\cdots\cdots\cdots\cdots\cdots\cdots\cdots\cdots\cdots\cdots\cdots\cdots\cdots\cdots (9)$$

$$g^i = \gamma_0 + \gamma_u u + \gamma_r \pi v \quad\cdots\cdots\cdots\cdots\cdots\cdots\cdots\cdots\cdots\cdots\cdots\cdots (10)$$

ここで，$\pi = 1 - w/p\lambda$ は利潤シェアを，g^s, g^i はそれぞれ資本ストックで標準化された貯蓄，投資を，s_r は利潤からの貯蓄性向を表している. 賃金からの貯蓄は捨象されている. 投資については，Marglin and Bhaduri（1990）の主張を踏まえた Blecker（2002）の定式化に倣い，稼働率（u）と完全稼働での利潤率（πv）により決定されると仮定している.

以上の 3 式と投資貯蓄の均衡条件（$g^i = g^s$）により稼働率（u）と利潤率（r）の水準が決定され，比較静学分析によって，利潤シェア（π）の変化がこれらにどのような影響を与えるかが，s_r, γ_0, γ_u 及び γ_r という係数に表される経済の状態との関係において，分析される. 加えて，（9）式及び投資貯蓄の均衡条件から $g^i = s_r r$ であり（ケンブリッジ方程式），利潤率は蓄積率と直結しているので，蓄積率（g^i）への影響も同時に分析される.

このモデルに環境対策を組み込むことにより，u と r の水準に環境対策費用シェアの変化がどのような影響を与えるかを分析するモデルを構築する.

まず，等式（8）における生産費用及び分配の追加的な要素として環境側面を示す. 第 1 章 4 の（7）式を参照すると，(8) 式は次のように変形できる.

$$r = (1 - W_s - R_s - e) uv_p \cdots\cdots\cdots\cdots\cdots\cdots\cdots\cdots\cdots\cdots (8\text{-}1)$$

ここで，$W_s = w/p\lambda_p$ は生産労働に係る賃金シェアを，$R_s = \rho/p\varepsilon_p$ は生産資源に係る地代シェアを，$e = \rho_e/p\varepsilon_p = p_e E/pY$ は環境対策費用シェアを表す.

ここで，e の変化は R_s と W_s に影響を与える可能性がある. 第 1 章 4 で示したように，e の増加は ε_p を上昇させ R_s の減少につながる. 単純化のため R_s を線形で表すと，次式を得る[3].

$$R_s = R_{s0} - \varphi e \cdots\cdots\cdots\cdots\cdots\cdots\cdots\cdots\cdots\cdots\cdots\cdots\cdots\cdots\cdots (11)$$

ここで，φ は，環境対策による地代減少分の環境対策費用に対する比率，すなわち環境対策の費用回収率を表す．追加的な環境対策は資源費用を節約はするが経済的に引き合うものではないと仮定すれば，$\varphi \in (0,1)$ である．

e の増加は，部分的に R_s の減少により相殺された上で，数量調整においては W_s に影響することなく π を減少させ，一方，価格調整においては実質賃金率と W_s を減少させる．これらの効果を次のように表すことができる．

$$W_s = W_{s0} - \theta(1 - \varphi)e \quad\cdots\cdots\cdots\cdots\cdots\cdots\cdots\cdots\cdots\cdots\cdots\cdots\cdots\cdots (12)$$

ここで，$\theta \in (0,1)$ は，環境対策費用のうち賃金により負担される部分の割合を表す．θ の値は資本家と労働者の交渉力を反映するものと理解することができる[4]．なお，経験的事実によれば，単純さが求められる場合には，短期から中期では θ をゼロと仮定することも可能である[5]．

（11）式と（12）式を（8-1）式に代入して変形すると，次式を得る．

$$r = [\pi_0 - (1 - \theta)(1 - \varphi)e]uv_p \quad\cdots\cdots\cdots\cdots\cdots\cdots\cdots\cdots\cdots\cdots (8\text{-}2)$$

ここで，$\pi_0 = 1 - W_{s0} - R_{s0}$ は e との関係において定数である．$[\pi_0 - (1 - \theta)(1 - \varphi)e]$ は生産資本に係る利潤シェアを表し，以下では π_p と表記する．

貯蓄は，利潤に加えて地代からも行われると考えると，次のように表せる．

$$S = s_r rpK + s_\rho \rho N$$

ここで，S は粗貯蓄を，rpK は粗利潤を，ρN は地代を，s_ρ は地代からの貯蓄性向を表す．

この式を，資本ストックで標準化し，各生産要素が環境資源代替部門と生産部門との間で同じ比率で用いられると仮定して変形すれば，次式を得る[6]．

$$g^s = s_r r + s_\rho R_s uv_p \quad\cdots\cdots\cdots\cdots\cdots\cdots\cdots\cdots\cdots\cdots\cdots\cdots (9\text{-}1)$$

投資は，稼働率と利潤率により変化するほか，環境対策の強化に着目する場合，第2章4で第四の効果として述べたように，環境資源代替財・サービスの消費の増加によっても誘発される．この効果は，産業構造変化と関係し，稼働率に表れる有効需要全体の効果とは区別されるものであるが，動学的性質を持ち，比較静学で扱うのは困難であるので，ここでは定数項として表すと，次式を得る．

$$g^i = \gamma_0 + \gamma_u u + \gamma_r \pi_p v_p + \gamma_{0e} \quad\cdots\cdots\cdots\cdots\cdots\cdots\cdots\cdots\cdots\cdots (10\text{-}1)$$

ここで，γ_{0e} は，環境資源代替財・サービスの消費の増加により誘発される

74　第 I 部　理論分析

投資を表す定数項であり，これについては，3においてさらに検討される.

　(8-2)，(9-1)，及び (10-1) 式を貯蓄投資均衡の下で解くことによって，u と r の水準が決定される. 比較静学分析によって，e の変化がこれらに与える効果を，s_r, s_ρ, γ_0, γ_u, 及び γ_r という係数に表される経済の状態，並びに φ に表される環境対策の性質等との関係において，分析することができる.

　このモデルの詳細な分析は省略し，資源輸入国の分析を行うためのモデルの検討へと進むことにする.

2　資源輸入国のモデル

　第1章4の**表1–2**の構造に従って輸入を組み込むと，(8-1) 式は次のように変形できる.

$$r = (1 - M_s - W_s - R_s - e)\, uv_p \cdots\cdots\cdots\cdots\cdots\cdots\cdots\cdots (8\text{-}3)$$

ここで，$M_s = pM_p/pY$ は生産部門で用いられる地代相当分を除く輸入のシェアを表し，R_s はこれ以降 $R_s = \rho(N_d + N_m)/pY$ として地代相当分の輸入を含む生産資源に係る地代のシェアを表す. E の増加は Y を直接には増加させないので，M_s は e との関係において一定である. したがって，(8-2) 式は，注釈を「$\pi_0 = 1 - W_{s0} - R_{s0} - M_s$ は e との関係において定数である」と変更して，維持される.

　公共財を除く全ての天然資源が輸入されると仮定すると，地代からの国内での貯蓄はなく，貯蓄関数は (9) 式に戻る.

　貿易の定式化については多様な方法があり得る. ここでは，輸入と輸出それぞれについて単純な線形方程式を用い，本モデルの主要な変数又は環境対策に関わる要素以外の要素（例えば為替レートや世界の貿易の規模等）は定数項に含めて表すこととする. 輸入については稼働率とともに環境対策費用シェアを変数とする. 輸出については利潤率を変数とするほか，第2章4で第五の効果として述べたように，環境対策が環境技術の革新を促し競争力強化につながる効果を考慮する必要があるが，比較静学で扱うのは困難であることから，ここでは独立した定数項として表しておく. これにより，それぞれ次のように示すことができる.

$$m = m_0 + m_u u - m_e e \quad \cdots\cdots\cdots\cdots\cdots\cdots\cdots\cdots\cdots\cdots \quad (13)$$

$$x = x_0 + x_\pi \pi_p + x_{0e} \quad \cdots\cdots\cdots\cdots\cdots\cdots\cdots\cdots\cdots \quad (14)$$

ここで，m, x は，それぞれ資本ストックで標準化された輸入，輸出を表す．x_{0e} は環境技術による輸出増効果を表す定数項であり，これについては，次節においてさらに検討される．稼働率の上昇は輸入を増加させるので，m_u の符号は正である．環境対策は，地球温暖化対策による省エネルギー効果に見られるように，資源生産性を改善し海外流出する地代を削減すると考え，m_e の符号は正と仮定する．高い利潤シェアは，賃金等の生産費用が低いことを意味し，これは高い競争力につながる場合が多いと考えられるため，x_π の符号は正と仮定する．完全な資源輸入国においては，資源節約による地代の変化と輸入の変化の価額が等しいので，$m_e = \varphi u v_p$ が成り立つ．変数 m_e は φ とともに，第 2 章 4 で挙げた環境対策費用の需要レジームへの第一の効果を表している．第五の技術革新の効果もこれらの値に影響を与える．

　この経済についての投資貯蓄の均衡条件は次式で表される[7]．

$$g^s = g^i + x - m \quad \cdots\cdots\cdots\cdots\cdots\cdots\cdots\cdots\cdots\cdots \quad (15)$$

(8-2)，(9)，(10-1)，(13)，(14)，及び (15) の各式を合わせることにより，均衡における u と r の水準が決定され，比較静学分析によって，e の変化がこれらに与える影響を，$s_r, \gamma_0, \gamma_u, \gamma_r, m_0, m_u, x_0$ 及び x_π という係数に表される経済の状態, 並びに φ 及び m_e に表される環境対策の性質等との関係において，分析することができる[8]．

　$u - r$ 平面におけるグラフ表示を用いると，(8-2) 式は Lavoie (1992) が価格費用曲線（PC 曲線）と呼んだものを表す（図 3-1）．e が増加すると，傾きが小さくなり曲線が下に移動する．

　次に，(9)，(10-1)，(13) 及び (14) 式を (15) 式に代入し，次式を得る．

$$r = \frac{\gamma_u - m_u}{s_r} u + \frac{-(\gamma_r v_p + x_\pi)(1-\theta)(1-\varphi)e + m_e e + \gamma_{0e} + x_{0e} + c}{s_r}$$
$$\cdots\cdots\cdots\cdots\cdots \quad (16)$$

ここで，$c = \gamma_0 + x_0 - m_0 + \gamma_r \pi_0 v_p$ は e との関係において定数である．

　これは，Lavoie (1992) が有効需要曲線（ED 曲線）と呼んだものを表す．ここで，ED 曲線の傾きは，ケインジアン安定条件を前提すれば PC 曲線の

76 第 I 部　理論分析

図3–1　モデルの図による表示

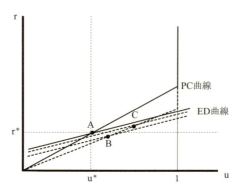

図3–2　モデルの図による表示（ED曲線の傾きが負の場合）

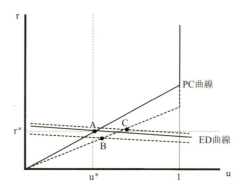

傾きよりも小さく（Lavoie, 1992）[9]，典型的なカレツキアン・モデルのように閉鎖経済を仮定すれば正であるが（**図3–1**），貿易を考慮する本モデルでは，輸入の稼働率に対する感応度が高ければ（すなわち m_u が大きければ）負となる可能性もある（**図3–2**）．切片については，解を持つために正であることを仮定する．

e の増加は，ED曲線に二種類の効果を及ぼす．第一に，$[-(\gamma_r v_p + x_\pi)(1-\theta)(1-\varphi)e]$ に表される投資と輸出の減少を通じて，切片を減少させる．これは，賃金の増加の影響を検討する場合と共通の効果である．第二に，$m_e e$ に表される環境資源の輸入の減少を通じて，切片を増加させる．加えて，

第 3 章　環境経済分析のためのカレツキアン・モデル　77

定数項として表している γ_{0e} 又は x_{0e} が e の増加により増加するならば，切片がさらに増加することとなる．それらの結果，ED 曲線は下方にも上方にも移動する可能性がある．

　均衡における稼働率（u*）と利潤率（r*）は，PC 曲線と ED 曲線の交点として決定される．ED 曲線への上記の第二の効果を除けば，環境対策費用は，基本的に，通常のカレツキアン・モデルにおける賃金の場合と類似の効果を持つ．e の上昇は，これら曲線の傾きと移動に応じて，u と r を増加あるいは減少させる．これは，図 3–1 及び図 3–2 において，A 点から B 点への移動として示される．これは，第 2 章 4.2 の第二の効果に相当する．u と r を増加させる場合は，Rowthorn（1982）が言うところの「費用の逆説」に相当し，近年のカレツキアン・モデルに関する分類によれば「協力的停滞論レジーム」に相当する．一方，u を上昇させるが r を減少させる場合は「対立的停滞論レジーム」に相当する（Blecker, 2002）．

　ED 曲線への第二の効果を考慮すると，e の上昇は m_{ee} を増加させ，ED 曲線を上方に移動させる．これは，図 3–1 及び図 3–2 において C 点への移動として示される．この効果は，通常の「費用の逆説」が成立しない場合であっても，e の上昇が r を増加させる可能性を高める．これは，個々の企業においては費用の増加であっても，輸入削減等による需要の増加を通じ，経済全体としては利潤率の上昇につながるという意味で，引き続き逆説的な現象である．本論文では，このように，環境対策特有の効果によって e の上昇が r を増加させる場合を「環境対策の費用の逆説」と呼ぶこととする．これは，第 2 章 4.2 の第一と第二の効果の総合的効果を表している．

　Lavoie（1992, p. 336）の方法を参照し，e の上昇が u と r を増加させるための条件を示す．まず u への効果について検討する．PC 方程式（8-2）及び ED 方程式（16）を e について偏微分すると，次の二式を得る．

$$\partial r^{PC}/\partial e = -(1-\theta)(1-\varphi)uv_p \cdots\cdots\cdots\cdots\cdots\cdots (17)$$

$$\partial r^{ED}/\partial e = [-(\gamma_r v_p + x_\pi)(1-\theta)(1-\varphi) + m_e]/s_r \cdots\cdots (18)$$

　図 3–1 及び図 3–2 から明らかなように，e の上昇に伴い u が上昇するためには，ED 曲線の傾きが正の場合，負の場合とも，u の所与の値について，ED 曲線が PC 曲線に比べ正の方向により大きく（すなわち負の方向により

78　第 I 部　理論分析

小さく）移動することが必要である．（17），（18）式より，この条件は次の不等式で表される．

$$F_u(1-\varphi) + m_e > 0 \cdots\cdots\cdots\cdots\cdots\cdots\cdots\cdots\cdots\cdots\cdots\cdots (19)$$

ただし，$F_u = (s_r\,uv_p - \gamma_r v_p - x_\pi)(1-\theta)$

　F_u は，費用増加が分配面の変化を通じて貯蓄投資バランスに影響を与えるという，各種費用に共通的な効果を表し，$(1-\varphi)$ と m_e は，環境対策が資源節約を通じて費用と輸入を削減するという，環境対策に特有の効果を表している．前者が第 2 章 4.2 の第二の効果すなわち「費用需要効果」に，後者が同じく第一の効果すなわち「資源節約効果」に相当する．

　次に，r への効果について検討する．PC 方程式（8-2）及び ED 方程式（16）を r の方程式に変形して e について偏微分すると，次の二式を得る．

$$\partial u^{PC}/\partial e = (1-\theta)(1-\varphi)\,r/v_p\pi_p^2 \cdots\cdots\cdots\cdots\cdots\cdots\cdots (20)$$

$$\partial u^{ED}/\partial e = [(\gamma_r\,v_p + x_\pi)(1-\theta)(1-\varphi) - m_e]/(\gamma_u - m_u) \cdots\cdots (21)$$

　図 3–1 及び**図 3–2** から明らかなように，e の上昇に伴い r が増加するためには，r の所与の値について，PC 曲線は ED 曲線に比べ，ED 曲線の傾きが正の場合には正の方向により大きく（**図 3–1**），また，ED 曲線の傾きが負の場合には正の方向により小さく（**図 3–2**），移動する必要がある．これらの条件は，次の一つの不等式で表される[10]．

$$F_r(1-\varphi) + m_e > 0 \cdots\cdots\cdots\cdots\cdots\cdots\cdots\cdots\cdots\cdots\cdots (22)$$

ただし，$F_r = [(\gamma_u - m_u)\,u/\pi_p - (\gamma_r v_p + x_\pi)](1-\theta)$

　F_r は各種費用に共通的な効果を表し，F_u と同様に「費用需要効果」に相当する．$(1-\varphi)$ と m_e は環境対策に特有の「資源節約効果」を表す．この条件は，F_r の値が正である場合か，または，これが負であるが φ 及び m_e を加味して式全体が正になる場合に満たされる．前者が「費用の逆説」に，後者が前述の「環境対策の費用の逆説」に該当する．

　F_r の値は，$(\gamma_u - m_u)$ 及び $(\gamma_r v_p + x_\pi)$ の値に依存する．前者は，投資の増加による稼働率の上昇がさらに投資を誘発する「加速度効果」と，稼働率の上昇が輸入を増加させ需要を減らす「漏出効果」との差として理解できる．後者は，生産コストの増加（利潤シェアの減少として表される）が投資と輸出を減少させる効果として理解できる．一方，φ 及び m_e は環境対策による

第3章　環境経済分析のためのカレツキアン・モデル　79

表3–1　モデルの概要

主な方程式
$r - [\pi_0 - (1-\theta)(1-\varphi)e]uv_p$（e: 環境対策費用シェア；θ: 環境対策費用の賃金による負担割合； φ: 環境対策の費用回収率；v_p: 潜在産出・生産資本比率；u: 稼働率）
$g^s = s_r r$
$g^i = \gamma_0 + \gamma_u u + \gamma_r \pi_p v_p + \gamma_{0e}$　　　（$\pi_p v_p$: 完全稼働利潤率）
$m = m_0 + m_u u - m_e e$　　　（m: 資本で標準化した輸入）
$x = x_0 + x_\pi \pi_p + x_{0e}$　　　（x: 資本で標準化した輸出）
$g^s = g^i + x - m$

環境対策費用の影響の分析
①稼働率上昇の条件：$F_u(1-\varphi) + m_e > 0$ ここで $F_u = (s_r uv_p - \gamma_r v_p - x_\pi)(1-\theta)$
②利潤率上昇の条件：$F_r(1-\varphi) + m_e > 0$ ここで $F_r = [(\gamma_u - m_u)u/\pi_p - (\gamma_r v_p + x_\pi)](1-\theta)$
注：完全な資源輸入国では，次式により利潤率上昇の条件を満たす φ の水準を推計できる.
$\varphi/(1-\varphi) > - F_r/uv_p$　　　（$\varphi \in (0,1)$ を仮定）

資源節約効果を表す.

　例えば，比較的閉鎖的な経済において顕著な加速度効果がある場合には，環境対策による資源の節約が全くない場合でも，条件は満たされる. 他方，投資が資金制約の下で利潤率に強く反応し，グローバル化の中で輸出入が景気や価格に反応しやすい場合には，環境対策が利潤率を増加させるためには，大きな資源節約効果を持つ必要があることになる.

　完全な資源輸入国の場合には，$\varphi \in (0,1)$ の仮定の下，（22）式を変形して次式が得られる.

$$\varphi/(1-\varphi) > - F_r/uv_p \cdots\cdots\cdots\cdots\cdots\cdots\cdots\cdots\cdots\cdots\cdots (23)$$

この式を用いて，γ_u, γ_r, m_u, x_π 等の係数に表される所与の経済的条件の下で，φ に表される費用回収率がどの程度であれば環境対策は利潤率を上昇させる効果を持つかを推計することができる.

　以上のモデルにより，資源輸入国について，資源節約効果を含め，「環境対策の費用の逆説」を分析することができる. モデルの概要を**表3–1**に示す.

3　動学的な効果に関する分析

　以上に示したモデルは，第2章4.2で挙げた環境対策費用の需要レジームへの影響のうち，第三の効果について捨象しているほか，第四の「環境投資

80 第Ⅰ部 理論分析

誘発効果」と第五の「輸出競争力効果」については，動学的性質を持ち比較静学による分析は困難であるため，定数項として表すに止まっている．しかしながら，これらの効果は，我が国の公害対策において実際に経験されたものとして広く認識されており，グリーン成長等の議論においてもしばしば言及されている．そこで，これら二つの要素を定式化し，比較静学ではなく図を基礎として分析することを試みる．

まず，投資関数（10-1）において定数項 γ_{0e} としていた「環境投資誘発効果」を定式化する．これは，環境対策の増加が対策実施のための投資を増加させる効果である．この効果は，1970年代の日本において，環境汚染対策の急速な強化が，公害防止設備への投資を増加させた現象として，実際に観察されている[11]．環境対策の変化量に着目することにより，γ_{0e} は，次のように表すことができる[12]．

$$\gamma_{0e} = \gamma_e \dot{E}/K$$

ここで，$\dot{E} = E_t - E_{t-1}$ である．

次に，輸出関数（14）において x_{0e} としていた「輸出競争力効果」の定式化を試みる．これは，環境技術による輸出競争力上昇の効果である．技術進歩には多様な要因があるが，ここでは，環境対策の効果を分析する観点から，「ラーニング・バイ・ドゥーイング」の効果に焦点を当てる．これについても，例えば，1970年代から80年代の日本の自動車産業において，厳しい公害規制に対応したことが技術力の強化につながり，ひいては競争力の上昇につながったことが定説となっている（OECD, 1991; 環境庁, 1992）．「調整の空間的・時間的乖離」の存在により環境対策は環境問題の発生から相当程度遅れて強化される傾向があることも踏まえれば，環境対策の強化は世界的に長期的趨勢となる可能性が高いと考えられ，その場合には，先行して環境対策を進め環境技術が高まれば，競争力の上昇につながることとなる．この効果を定式化するための一つの方法として，環境対策の経験の蓄積に着目すると，x_{0e} は，次のように表すことができる．

$$x_{0e} = x_e T/K$$

ここで，Tは環境対策の経験の蓄積を表す．環境対策の量は環境資源代替財・サービスの生産・消費の量として表されるので，恒久棚卸法を用いる研究開

発ストックの推計方法を考慮すると，T を定式化する一方法として，$T_t = E_{t-1} + (1 - \delta) T_{t-1}$（ここで，$\delta$ は技術的知識の減耗率）が考えられる．E が増加すると，T/K は，一定の期間が経過し環境対策の経験が蓄積した後に，高い水準に達する．したがって，$x_e T/K$ は中長期的な効果と考えられる．

　これらの追加的な要素は，動学的性質を持つため，比較静学によっては分析できない．しかしながら，**図 3-1** 又は**図 3-2** に示した図による表現を用いると，以下に示すように，ED 曲線の切片の変化による移動として表されるので，これを基礎として効果を分析することができる．以上の γ_{0e} と x_{0e} の表現を組み込むと，ED 曲線を表す（16）式は次のように変形される．

$$r = \frac{\gamma_u - m_u}{s_r} u + \frac{-(\gamma_r v_p + x_\pi)(1 - \theta)(1 - \varphi)e + m_e e + \gamma_e \dot{E}/K + x_e T/K + c}{s_r}$$

$$\cdots\cdots\cdots\cdots\text{（16-1）}$$

　e 及びその背後にある E の増加は，ED 曲線の切片の分子を，前節で見たように $[-(\gamma_r v_p + x_\pi)(1 - \theta)(1 - \varphi) + m_e]e$ だけ変化させることに加えて，$(\gamma_e \dot{E}/K + x_e T/K)$ だけ増加させる．e 一単位の増加に対する前者の増加の大きさは，複数のパラメータで表される一定の値であるが，後者の増加の大きさは，$\dot{E}$ と T の期ごとの変化を受けて変化する．ここで，e が一定の期間をかけて増加する場合には，短期で $\gamma_e \dot{E}/K$ が増加し，中長期で $x_e T/K$ が増加し，これらの効果が順次働いて，ED 曲線を上方にシフトした状態を維持する可能性があることが注目される．これらの効果は，e の増加が u 及び r の増加をもたらす可能性を高め，前述の「環境対策の費用の逆説」の要因の一つとなりうる．

　具体的なケースにおいて，これらの効果が u 及び r にどのような影響を持つかを評価する方法を検討する．この影響は ED 曲線の移動の時期と大きさに依存する．各期における ED 曲線の移動の大きさは，その期における $\gamma_e \dot{E}/K$ と $x_e T/K$ の値を得ることにより把握でき，これらの値は，過去に関する分析においては実績値により得ることができる．ED 曲線を表す（16-1）式において，$\gamma_e \dot{E}/K$ と $x_e T/K$ は $m_e e$ と同等の位置にあることから，ED 曲線の移動の大きさという点において，$(\gamma_e \dot{E}/K + x_e T/K)$ は $m_e e$ と比較可能である．したがって，期ごとに変動があることを前提として慎重に分析する限りにお

図3-3 「環境対策の費用の逆説」と各種効果の関係

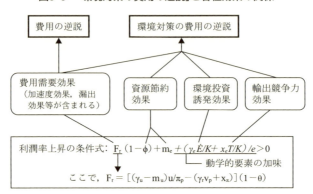

いては，不等式(22)において $[(\gamma_e \dot{E}/K + x_e T/K)/e]$ を m_e に加えることによって，これらの効果を評価することが可能である．

以上で検討した「費用の逆説」及び「環境対策の費用の逆説」と各種の効果との関係をまとめると，**図3-3**のとおりである．

以上のモデル及び概念を用いることにより，環境対策から経済への影響について経路を整理して理解することができるとともに，特定の経済を対象とした定量的な実証分析に応用することも可能である．これを基礎としたモデルにより，第5章において，日本を対象とした実証分析を行う．

4 長期的関係についての考察

2及び3は，基本的に，生産能力に余力のある経済状態に対応する分析である．第2章で触れたように，完全稼働又は完全雇用となって経済が生産能力の限界に達すれば，「生産＝需要」の前提が成立しなくなり，生産が供給に規定される状況が現れる[13]．

主流派経済学の考え方によれば，短期では需要が生産を規定することがあっても，長期では生産は供給能力により規定され，短期的な需要の変化には影響されないと理解されている．一方，カレツキアンの多くの研究者は，このモデルが長期においても妥当すると考えている．高い経済的パフォーマ

ンスは，労働参加率（特に女性）の増加，移民の増加等による労働供給量の増加や，ラーニング・バイ・ドゥーイングの効果や技術革新のより早い普及等による技術進歩の加速を通じて，長期の供給能力を増加させると考えるからである（Lavoie, 2004）．

　こうした効果がどこまで大きいと考えるかは，議論の余地のあるところであろう．しかし，ここで忘れてはならない重要な点がある．供給制約について考える際には，社会経済システムを三つの再生産として理解する観点からは，第1章で見たように，資本，労働とともに環境資源を考慮する必要があるということである．環境の制約については，供給量そのものが増加しうる資本，労働とは異なり，地球生態系という究極的な制約に達している．環境問題という環境資源の供給制約を検討する本書においては，供給制約のない無制限な成長という考え方を取ることはできない．環境資源の供給制約は，第2章で示した「調整の空間的・時間的乖離」のために完全には顕在化しておらず，今後どのような時期及び強度で顕在化してくるのかは，科学的な不確実性とともに政治的なプロセスに依存し，明らかではない．しかし，重大な地球生態系の破壊を回避しうるような緩和対策が講じられるにせよ，あるいはこれを回避できず激化した自然災害への対応などの適応対策を強いられるにせよ，いずれは何らかの形で環境資源の供給制約が顕在化し，その世界全体での消費量が現在よりも減少することは避けられないものと考えられ，その際，特に先進国における消費量は当然減少するものと考えられる．

　同時に重要なのは，供給制約の状況は，これら生産要素の供給量とともに，生産性に依存するということである．すなわち，労働及び環境資源の供給量の変化率とともに，労働生産性及び資源生産性の変化率が，労働又は環境資源に係る自然成長率を規定する．ここで，これらの変数の長期的な水準，特に労働生産性と資源生産性は，前述のように，中期的な経済のパフォーマンスの影響によって上昇しうる[14]．

　これらの要素に環境対策が与える影響を検討すると，環境対策は，直接的な効果として，資源生産性を向上させるとともに，自然資本を維持し環境資源の供給量を増加させる．一方，中間投入のための労働の投入を増加させ，労働生産性を低下させる効果を持つ．他方，環境対策がもし中期的な需要と

84　第Ⅰ部　理論分析

産出を増加させる場合には，それに伴う間接的な効果として，資本と技術の
蓄積を加速させ，労働生産性を上昇させる効果を持つ可能性もある．これら
を総合した場合の，環境対策による供給面での制約への長期的な影響は，こ
れらの効果の相対的な大きさとともに，これらの供給制約がどのような順序
と強度で顕在化するかにも依存し，多様であり得る．

　起こり得る事象についてイメージを得るため，可能性のあるシナリオのう
ち相異なる典型的な例を考えてみよう．労働・資本の生産性を上昇させる効
果も働き環境資源の供給制約が先に顕在化する場合と，労働・資本の生産性
を低下させる効果が強くそれらの供給制約が先に顕在化する場合の，二つ
ケースについて検討してみると，次のようなシナリオを考えることができる．

a. 環境対策の強化は，資源生産性を向上させる．また，不況下における
　 中期的効果として，雇用率と稼働率を高めて産出を増加させ，これが技
　 術革新を通じた労働生産性上昇や資本蓄積につながるため，長期的な労
　 働と資本の供給制約がより厳しくなることはない．次第に資源枯渇や温
　 暖化対策の国際的規制の強化等により環境資源の供給制約が顕在化し，
　 生産水準はこれに規定されるようになる．それまでの環境対策によって
　 資源生産性が上昇するとともに自然資本が維持されているため，生産水
　 準は，環境対策が強化されなかった場合に比較して，高くなる．

b. 環境対策の強化は，資源生産性を向上させる一方，労働生産性と資本
　 生産性を低下させる．産出増加の効果は見られないか又は小さく，それ
　 による生産性上昇等の効果は表れないためである．経済活動は地球生態
　 系の容量を超えているものの，調整の空間的・時間的乖離等により，環
　 境資源の供給制約はなかなか顕在化しない．少子高齢化や資金的制約に
　 より労働又は資本の供給制約が先に顕在化して，生産水準はまずこれら
　 に規定されるようになり，労働生産性と資本生産性が低下しているため，
　 その時点での生産水準は，環境対策の強化がなかった場合よりも低くな
　 る．なお，この場合でも，その後いずれは，気候変動の深刻化等により
　 厳しい環境資源の制約に急激に直面し，生産水準の低下が避けられなく
　 なると考えられ，その段階に至れば，環境対策により資源性生産性が向
　 上し自然資本が維持されているならば，生産水準低下の幅は比較的小さ

いこととなる.

これらは,考え得るシナリオの一例であり,どのような効果が表れるかは,環境制約がどのような時期と強度で顕在化するかとともに,上記のような多面的な要素の相対的な強度に依存すると考えられる.

需要が制約要因となっている状態にある資源輸入国においては,前述のように,環境対策の費用の逆説により,環境対策は経済成長にも寄与し,ひいては,技術革新の進展や雇用の拡大による人的資源の質的向上を通じて,労働生産性も維持,向上される可能性が高い.その場合には,上記のbよりaのシナリオに近い展開となる可能性が高いと言えるだろう.一方,労働や資本の供給が制約要因となっている国においては,これとは逆の可能性が考えられるだろう.

なお,この点について一層の明確化を図るため,資本・労働・環境の供給制約を包含しつつ中期的パフォーマンスと長期的均衡の関係を分析しうる方法について研究を進めることが,今後の課題として残されている.

第3章のまとめ

本章では,カレツキアン・モデルに環境対策費用等を組み込むことによって,特に資源輸入国を想定しながら,環境対策の経済への影響を分析するモデルを構築した.モデルは利潤率,貯蓄,投資,輸入及び輸出を,稼働率,利潤シェア,環境対策費用等の変数により説明する方程式からなり,これを稼働率及び利潤率の変化について分析することにより,一定の条件の下で,環境対策費用の増加が稼働率及び利潤率の上昇につながることが明らかになった.

環境対策の強化は,対策費用を増加させ,直接的には利潤を減少させる効果を持つが,一方で投資貯蓄バランスを変化させ,稼働率を上昇させる効果(本書では「費用需要効果」と呼ぶ)も持つ.このため,投資が稼働率に反応して増加しやすく(すなわち「加速度効果」が大きく),また,稼働率の上昇による輸入の増加が大きくない(すなわち「漏出効果」が大きくない)状況下では,利潤率を上昇させる可能性がある.いわゆる「費用の逆説」である.加えて環境対策は,資源生産性を上昇させて資源輸入を減少させる効

86 第 I 部 理論分析

果を持つ．さらに，対策投資を誘発する効果を短期的に持つ一方，技術革新を促して輸出競争力を中長期的に強化する可能性がある．これらが一体となって需要を増加させ，稼働率と利潤率を上昇させる可能性が高まる．これが環境対策の費用の逆説であり，「グリーン成長」のメカニズムを示している．

こうした需要増加を通じた経済パフォーマンスの上昇は，技術革新等を通じて長期の供給能力を高める．しかし，いつかは地球生態系の限界をはじめ供給面の制約が生産を規定する時が来るだろう．そうした状況も念頭に，長期的な関係についても考察を加えた．

このモデルは，計量分析に応用することができる．第 5 章において日本を対象に計量分析を行い，1970 年代の公害対策はどのような効果を持っていたのか，そして近年ではどのような効果が表れる可能性があるのかを明らかにしていく．

以上，第 1 章から第 3 章までの理論的な検討により，分析の道具立てが整った．第 II 部では，経済と環境の関係が実際にどのように変化してきたかを理解し，未来への展望につなげるために，戦後の日本を取り上げて実証的分析を行っていこう．

第Ⅱ部　日本における長期的変化

第4章　環境関係費用による分析

　第I部で示した理論的枠組みに基づき，第II部では，日本の 1960 年代以降今日までを対象とした実証分析を行う．経済・環境関係の長期的な変化を成長レジームとの関係を含めて解釈していくことによって，日本の経済成長と環境対策の歴史を捉え直していこう．

　経済成長と環境対策の関係を分析するためには，まず，それらの関係を表す指標を用意し，その変化を捕捉することが重要となる．第 1 章において，経済・環境関係の状態を表す主要な指標として，環境関係費用，すなわち環境対策費用，地代及び潜在的環境費用を定義した．本章では，これら環境関係費用の長期的な推移を実際に推計し，これを用いて経済・環境関係における制度的調整がどのように展開してきたのかを考察する．

1　環境関係費用の長期推計

　日本の 1960 年代以降を対象として，環境対策費用，地代，潜在的環境費用の推移について，一定の仮定を置きながら推計する．

　環境対策費用については，環境・経済統合勘定の推計を日本について行った日本総合研究所（2004）の方法を参考として，生産システムにおける主要な環境対策費用（第 1 章 4 の $p_e X_{ep}$ に相当する）の 1960 年代以降の推移を推計した．対象項目として，内部公害防止費用，内部省エネルギー費用，廃棄物処理費用，環境研究開発費用の 4 つの類型を取り上げている．環境対策費用産出比率（環境対策費用シェア）の形で推計した結果の概要を図4-1に示す．

　日本総合研究所（2004）と比較すると，長期にわたる連続的な推計を行っ

図4-1 環境対策費用産出比(環境対策費用シェア)の推移

ていること,そのために対象分野を一部捨象する一方[1],第1章3の環境資源代替の概念に基づいて省エネルギー対策費用を対象とし,また,技術開発と輸出競争力の側面を視野に入れる観点から環境研究開発費用を対象に加えていることが,本章の推計の特徴となっている.各分野の推計におけるデータ出所と計算方法の概要を本書末尾に記載している.

なお,これら以外にも様々な環境対策費用があるが,額の大きなものを対象とする観点と,補足可能性の観点から,捨象している.また,第1章4の産業連関の整理に則って,一つの統合された部門としての環境資源代替部門の認識に従い環境対策費用を推計するためには,正確には,それぞれの環境対策の間での中間投入を把握し,これを控除することが必要となるが.その額は小さいと考えられるため,捨象し,単純に合算している.

次に,地代については,日本のような資源輸入国では,ほとんどの部分は輸入に含まれると考えられ,輸入の中で地代相当部分(第1章4の ρN_m に相当する)を捕捉する必要がある.正確には,様々な財・サービスの中にも地代相当部分が含まれると考えられるが,捕捉可能性の観点から,天然資源の輸入価額をもって地代相当部分として把握することとする.天然資源輸入価額の産出に対する比率として算出した結果を図4-2に示す.

最後に,潜在的環境費用については,自然の価値を貨幣評価することに伴

第 4 章　環境関係費用による分析　91

図4-2　地代産出比（地代シェア）の推移

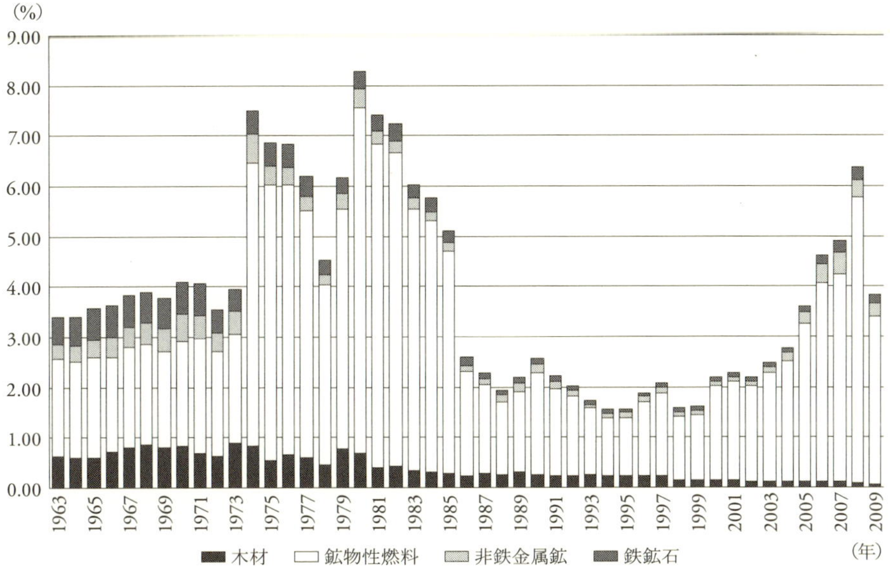

注：天然資源の輸入価額として把握している．

　う本質的な限界があるが，本章では，この限界を認識した上で，経済・環境
関係の長期的変化を分析するために環境対策費用及び地代と併せた推移を大
局的に観察する観点から，必要な範囲に限って推計を行うこととした．推計
方法については様々なアプローチがありうるが，ここでは，自然資本の減耗
という第 1 章の考え方と整合する方法として，1993 年版の環境・経済統合
勘定において帰属環境費用の推計方法として重視された維持費用評価法によ
る推計を取り上げることとした[2]．以上の考え方に従って，1993 年版の環境・
経済統合勘定に基づいた推計を日本について行った日本総合研究所（1998）
の方法を基礎として，硫黄酸化物及び窒素酸化物（固定発生源）の排出と二
酸化炭素の排出について推計を行った．潜在環境費用産出比として表した推
計結果を**図 4-3** に示す．
　日本総合研究所（1998）の推計と比較すると，長期にわたる連続的推計を
行っている一方，対象項目を大幅に絞り込んでいる．これは，上記のように，
環境対策費用等の推移との相互関係に着目して長期的変化を分析するという

図4–3　潜在的環境費用産出比の推移

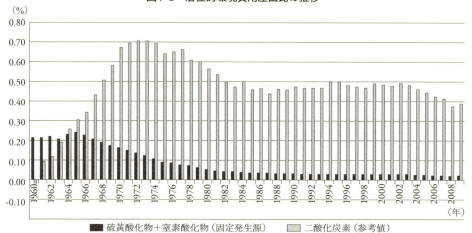

注：代表的項目について維持費用評価法により推計したもの．

視点から，必要な範囲に限って推計を行うこととしたためである[3]．データ出所と計算方法の概要を本書末尾に記載している．

　この推計結果の解釈に際しては，次のような点に注意を要する．まず，対象項目は上記の趣旨から限定されたものであるが，我が国における自然資本の減耗は生物多様性を含めより広い領域で発生しているほか，我が国の経済活動に伴い輸入される製品等の生産過程で海外においても環境負荷が発生しているところ[4]，環境への負荷の全体像を把握する目的で使用しようとする場合には，これらについて考慮することが不可欠である．また，二酸化炭素の推計値については，日本総合研究所（1998, p. 153）において，自然吸収量を超過する排出量の全量を削減することは実施不可能であり，その費用も算定不能との結論の上で，参考として，1990年比マイナス6%の削減を実現するための対策における削減費用原単位を用いることにより推計されたものであるので，（推移を理解するためのデータとしては有用だが，）費用の絶対値の評価や他の分野の費用との比較を行うことは適切ではない．このほか，大気汚染関係の推計値についても，維持費用評価法は，汚染を未然に防止するとしたら必要となったであろう費用を推計するものであり，対策が取られずに公害により被害が発生した場合における被害額と比較した場合には，過少

となっていることに注意が必要である．

2　時期ごとの経済・環境関係の特徴

　以上で推計した環境対策費用，天然資源輸入としての地代，潜在的環境費用という三種類の指標の推移を比較し考察することにより，経済・環境関係がどのような特徴を持っていたのか，それがどのように変化してきたのかについて大きな流れを理解することができる．時期を区切って，その特徴を概観しておこう．

2.1　1960年代から70年頃まで

　1960年代から70年頃までの間は，大気汚染物質に係る潜在的環境費用は高い水準で発生し続けていた．当初は低水準にあった二酸化炭素に係る潜在的環境費用は，この間に急激に増加した．一方，地代は低い水準で安定して推移し，また，環境対策費用は非常に低い水準にとどまっていた．

　これは，産業公害により地域レベルで深刻な被害が発生していたものの，国レベルでの有効な公害対策が講じられていなかったことを反映していると考えられる．また，エネルギー消費とこれに伴う二酸化炭素排出が増加していたが，国際的な政治経済情勢によりエネルギー費用としての地代の上昇が抑えられていたものと考えられる．

　この間の経済・環境関係の特徴として，天然資源及び廃物吸収サービスとしての環境資源を大量に消費し，潜在的環境費用を発生させつつ，以上のような制度的要因によって，地代及び環境対策費用という生産システムにおける費用の上昇が抑制されていたことを挙げることができる．第1章の3次元の分配モデルに照らせば，この経済・環境関係の特徴によって，利潤及び賃金への分配が高い水準に維持されていたと考えることができる．

2.2　1970年頃から1980年代前半まで

　1970年頃から，環境対策費用が急増し，一方，大気汚染物質に係る潜在的環境費用が低下した．少し遅れて，1974年からエネルギー費用としての

94 第II部 日本における長期的変化

地代が急増し，環境対策費用における省エネルギー費用も増加して，二酸化炭素に係る潜在環境費用が増加から減少に転じた．

前者は，1970年の「公害国会」に象徴されるように，産業公害が国政レベルの重要課題として取り上げられるという政治的プロセスを経て，公害規制の諸制度が整えられ，企業の公害対策が強化されたことを反映している．後者は，産油国の戦略により石油危機が発生して地代である石油価格が急騰し，これを受けた政策的対応を含め，省エネルギー対策が強化されたことを反映している．

この間の経済・環境関係の特徴として，相次いで進行した公害対策の強化と石油危機という二種類の制度的な調整が，環境対策費用を急増させ，これにより，潜在的環境費用が減少するとともに，資源生産性の上昇を通じて地代の増加が抑制されたことを挙げることができる．

2.3 1980年代前半から2008年頃まで

1980年代前半以降，環境対策費用には顕著な増加は見られず[5]，一方，二酸化炭素に係る潜在的環境費用には顕著な減少は見られなかった．2000年代には，天然資源価格の上昇により地代が急増し，二酸化炭素に係る潜在的環境費用に若干の減少が見られた．

これは，気候変動問題への認識は高まったものの，具体的な被害発生は将来世代を中心とすること，国際的な対策枠組みが容易に形成されないことといった，調整の空間的・時間的乖離の存在等を背景として，対策を義務付けるような制度の形成が進まなかったことを反映していると考えられる．

一方，2000年代には，新興国における天然資源消費の急増等による資源需給の逼迫に加え，投機的資金の流入もあって，天然資源価格が急騰した．なお，その後，化石燃料の需給には緩和が見られるものの，食糧の価格は極めて高い水準で推移しているなど，環境資源供給の制約の顕在化が懸念される状況にある．

第4章のまとめ

本章では，経済・環境関係の状態を表す主要な指標として，環境対策費用，

地代，潜在的環境費用という 3 種類の環境関係費用について，長期的な推計を行った．

　これらの観察を通じて，1960 年代から 70 年頃まで，70 年頃から 80 年代前半まで，80 年代前半から 2008 年頃までという 3 つの時期について，異なる特徴が見出された．概括すれば，第一の時期には，潜在的環境費用が急増する一方，地代と環境対策費用は低い水準にあった．公害対策の制度形成の遅れを示している．第二の時期には，環境対策費用と地代が急増し，潜在的環境費用は減少した．公害対策制度の強化と石油危機の影響を表している．第三の時期には，環境対策費用は概ね増加せず，潜在的環境費用も減少しなかった．規制等の強力な制度の形成は進まなかったことを反映している．

　本章の推計を出発点にして，次章以下でより詳しく分析を進めていく．まず，環境対策費用及び地代の推計データを用いて，次章において，第 3 章で示したモデルに基づく計量分析を行う．時期ごとの経済・環境関係の特徴の分析は，第 6 章において行う経済・環境関係と成長レジームの変化に関する総合的な解釈につながっていく．

第 5 章 　環境対策の経済効果の計量分析

　経済・環境関係の制度的調整の状況，すなわち環境対策の状況は，成長レジームに影響を与える場合がある．前章で概観した日本の経済・環境関係の長期的な変化は，成長レジームとどのような関係にあったのだろうか．環境対策が経済成長にプラスに働き，実際に「グリーン成長」見られたことはあったのだろうか．現在でもそうした効果が働く可能性はあるのだろうか．本章では，こうした点について明らかにするために，前章で推計した環境関係費用のデータを用いながら，第 3 章で構築したカレツキアン・モデルによって，1960 年代以降の日本について計量分析を行う．

1　モデルの調整及び係数の推定

　まず，第 3 章で検討したモデルに，実証分析に用いるための若干の調整を加える．単純化のために，実質賃金 w は制度的調整によって決定され，$W_s = w/p\lambda_p$ は e に関して一定（すなわち $\theta = 0$）と仮定する[1]．また，賃金からの貯蓄を考慮し，$S = s_r rpK + s_w wL$（ただし，wL は賃金，s_w は賃金からの貯蓄性向を表す）を変形し，次式を得る．

$$g^s = s_r r + s_w W_s u v_p \quad\cdots\cdots\cdots (9\text{-}2)$$

これに伴って，e の u への効果を評価する（19）式中の F_u と，r への効果を評価する（22）式中の F_r は，次のようになる．

$$F_u = s_r u v_p - \gamma_r v_p - x_\pi$$

$$F_r = (\gamma_u - m_u - s_w W_s v_p) u/\pi_p - (\gamma_r v_p + x_\pi)$$

以上の調整の上で，第 3 章のモデルの各方程式について，第 4 章の推計により得られた環境対策費用及び地代としての天然資源輸入価額のデータ，並

98　第Ⅱ部　日本における長期的変化

表5–1　推定に用いた方程式

$$S = s_0 + s_r rpK + s_w wL$$

$$g^i = \gamma_0 + \gamma_u u(-1) + \gamma_r \pi_p v_p(-1) + \gamma_e \dot{E}/K$$

$$R_s = R_{s0} + R_{s0p}(oilp) - \varphi e$$

$$m = m_0 + m_{0p}(oilp) + m_u u - m_e e$$

$$x = x_0 + x_{0w}(wldtd) + x_{0c}(exchrt) + x_\pi \pi_p(-1) + x_e T/K$$

注：1. γ_u, γ_r, x_πについては，期待形成の時間及び多重共線性の可能性を考慮して，ラグを置いて推計した．
　　2. oilp：石油等価格（指数）；wldtd：世界貿易額（資本ストックで標準化）；exchrt：為替レート（100 円／ドル）．これらは，モデル上は定数項に含まれている要素を抽出して推計したものである．

びに賃金，利潤，稼働率等の推計値（データ出所と加工方法の概要を本書末尾に記載している）を用いて，重回帰分析を行うことによって，係数を推定した．推定に用いた方程式を表 5–1 に，推定の結果を表 5–2 に示す．

　この推定において，時期区分については，まず全体を通じて，高度成長が確立した 1963 年から推計を開始してバブル景気の崩壊で区切ることにより，63 年〜91 年と 92 年以降とに区分した上で，それぞれの方程式について，CUSUM テスト及びステップワイズ・チャウテストの結果を勘案して構造変化の可能性が高いと考えられる時期を基本として区分した[2]．また，環境対策に関する変数について単位根検定を行うとともに，各方程式について共和分検定を行い，「見せかけの回帰」ではないことを確認した[3]．なお，環境対策費用に大きな変化がない 1980 年代末以降の時期等，投資，輸入及び輸出に係る関数において e 又は E に関する変数の係数が有意な値を示さない時期については，環境対策費用による明確な効果は表れなかったと解し，これら変数を除外した式により推定した[4]．

表5-2　各方程式の回帰分析の結果

	期 間	63-74	75-82	83-91		01-08
S	s_0	-10970 (-7.40)	31794 (2.31)	-45867 (-20.86)		24370 (0.55)
	s_r	0.695 (14.16)	0.424 (2.26)	0.654 (7.72)		0.588 (3.10)
	s_w	0.365 (11.82)	0.126 (0.65)	0.420 (7.64)		0.026 (0.10)
	補正 R^2	1.00	0.97	1.00		0.82
	D.W. 比	1.51	2.31	1.91		1.38

	期 間	71-87		88-91	92-97	98-08
g^i	γ_0	-0.018 (-0.99)		-0.159 (-0.98)	-0.217 (-7.67)	-0.066 (-3.01)
	γ_u	0.037 (1.55)		0.265 (2.11)	0.287 (6.63)	0.100 (3.51)
	γ_r	0.364 (13.76)		0.149 (0.58)	0.286 (3.39)	0.337 (3.28)
	γ_e	11.253 (6.08)		—	—	—
	補正 R^2	0.99		0.68	0.98	0.81
	D.W. 比	1.86		3.15	2.96	2.05

	期 間	75-82		82-91		92-08
R_s	R_{S0}	0.210 (6.13)		0.074 (2.07)		0.009 (3.02)
	R_{S0p}	0.018 (7.16)		0.025 (15.29)		0.019 (92.42)
	φ	16.344 (4.79)		6.225 (2.20)		0.409 (2.07)
	補正 R^2	0.88		0.99		1.00
	D.W. 比	1.89		2.61		1.46

	期 間	63-74	75-91			96-08
m	m_0	0.029 (1.30)	0.185 (7.65)			-0.124 (-4.57)
	m_{0p}	0.043 (6.22)	0.016 (12.16)			0.015 (17.26)
	m_u	0.042 (1.80)	0.085 (2.83)			0.186 (5.84)
	m_e	—	18.459 (17.05)			—
	補正 R^2	0.77	0.97			0.99
	D.W. 比	1.83	2.57			1.31

	期 間	71-91			92-08	
x	x_0	-0.030 (-1.67)			-0.010 (-0.74)	
	x_{0w}	0.031 (3.74)			0.035 (28.85)	
	x_{0c}	0.020 (5.60)			-0.002 (-0.50)	
	x_π	0.035 (1.12)			0.152 (3.76)	
	x_e	0.740 (5.67)			—	
	補正 R^2	0.94			0.98	
	D.W. 比	2.64			2.07	

注：（　）内は，t 値を示す．

100　第Ⅱ部　日本における長期的変化

　この重回帰分析の推定結果及びその他の変数の推計結果を，第3章3に示した条件式に当てはめることにより，環境対策費用と経済成長の関係を分析することができる[5]．各方程式の係数の推定において構造変化を考慮して時期区分を行った結果を踏まえ，また，特に環境に関する係数の効果を評価する観点から，1975年から1982年までを中心とする時期と，2001年から2008年までの時期との，2つの期間について分析し考察することとした．なお，前者については，隣接する1971年から1974年まで及び1983年から1987年までについても区分して分析し，一体的に評価した．

2　期間ごとの分析

2.1　1975年から82年を中心とする期間

　75年から82年までの期間は，高度成長期の成長レジームの危機から輸出主導型の成長レジームが確立するまでの時期ととらえることができる．これに先立つ71年からの期間と，これに続く87年までの期間は，この期間と投資関数等において同じ構造を示している[6]．前者は，60年代の高度成長期の成長レジームが限界に達してから石油危機までの時期として，また後者は，成長レジームが確立してから経済のバブル化が本格化するまでの時期として捉えることができる．

　71年から87年までの期間を通じて，ケインジアン安定条件は満たされている．なお，ED曲線の切片の値は正である．

　まず比較静学の範囲における分析を行う．F_uの値を求めると，75年から82年の期間については，

$$F_u = s_r\, u v_p - \gamma_r v_p - x_\pi = -0.028$$

であり，符号は負であるが絶対値は小さい．なお，71年から74年は0.200を，83年から87年は0.116を示し，符号は正を示している．

　F_rの値を求めると，75年から82年の期間については，

$$F_r = (\gamma_u - m_u - s_w W_s v_p)\, u/\pi_p - (\gamma_r v_p + x_\pi) = -0.652$$

であり，負の値を示している．なお，71年から74年は（-0.802）を，83年から87年は（-0.901）を示し，いずれも負である．

第5章 環境対策の経済効果の計量分析 101

　従って，この時期は，各種費用に共通的な「費用需要効果」のみによって
は，環境対策は，利潤率を低下させることはもとより，稼働率も低下させる
可能性のある状態であったと評価できる（高揚論レジーム，又は高揚論レジー
ムに近接する対立的停滞論レジームに相当すると言える[7]）．

　φ，m_e を含む条件式全体について見ると，74年以前にはこれら係数は有
意な値を示さないが，75年以降には大きな値を示し，75年から82年につい
ては，

$$F_u(1-\varphi) + m_e = 18.891$$
$$F_r(1-\varphi) + m_e = 28.459$$

と，いずれも正の大きな値を示している．なお，83年から87年についても，
同様に大きな正の値を示している．

　従って，石油危機後の75年以降は，省エネルギー対策による大きな「資
源節約効果」によって，環境対策は，稼働率と利潤率とを上昇させ，「環境
対策の費用の逆説」が成立したと評価することができる．

　次に，環境投資誘発及び輸出競争力強化という動学的効果について検討す
る．71年から87年までを通じ，環境対策の増加が環境投資を誘発する効果
を示す γ_e と，環境対策の経験の蓄積が輸出を増加させる効果を示す x_e は，
いずれも顕著に有意な値を示している．これは，この間の環境対策が，投資
を増加させ，また技術革新を通じて輸出を増加させたとする定説と，整合的
な結果であると言える．各年について $[(\gamma_e\dot{E}/K + x_eT/K)\,/e]$ の値を求めると，
71年から87年頃にかけて概ね4前後の値を示している（図5-1）．当初は「環
境投資誘発効果」が現れ，次いで，それが減少するのを補完するように「輸
出競争力効果」が現れ，結果として，両者を合算した効果が継続的に発揮さ
れている．r増加の条件式（22）の左辺に，$m_e = \varphi = 0$ を仮定しつつ $[(\gamma_e\dot{E}/K + x_eT/K)\,/e]$ の値の75年から82年についての平均値を合算すると，

$$F_r + (\gamma_e\dot{E}/K + x_eT/K)\,/e = 3.407$$

であり，大きな正の値を示す．また，71年から74年は，4.021，83年から
87年は2.721と，同様に大きな正の値を示す．したがって，省エネルギーに
よる「資源節約効果」のない公害対策についても，71年以降の期間について，
「環境対策の費用の逆説」が成立していたと考えられる．

図5-1 動学的効果の規模と推移

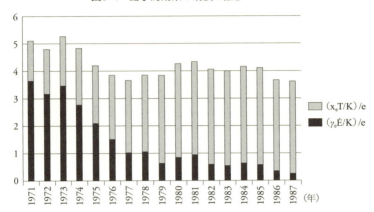

最後に，以上の動学的効果を捨象した場合，どの程度の水準の資源節約効果があればrを増加させたのかを検討する．(23) 式について計算すると，75年から82年では，$\varphi/(1-\varphi) > 0.936$ より $\varphi > 0.48$ となる．すなわち，資源節約による費用回収率が50％程度以上の対策パッケージであれば，投資と輸出の増加の効果を捨象しても，利潤率を増加させたことになる．この値は，2.2において，2000年代の状況との比較において参照される．

2.2　2001年から2008年までの期間

2001年から2008年までの期間は，不良債権による金融危機を脱し景気回復過程に入る頃から，リーマン・ショックに端を発する世界金融危機に至るまでの時期として捉えることができる．

この期間のケインジアン安定条件は満たされている．なお，ED曲線の切片の値は正である．

F_u の値を求めると，

$$F_u = s_r\, uv_p - \gamma_r v_p - x_\pi = -0.057$$

であり，負であるが絶対値は小さい．

F_r の値を求めると，

$$F_r = (\gamma_u - m_u - s_w W_s v_p)\, u/\pi_p - (\gamma_r v_p + x_\pi) = -0.613$$

であり，負の値を示す．

　従って，各種費用に共通的な「費用需要効果」のみによっては，環境対策は，利潤率を低下させることはもとより，稼働率も低下させる可能性の高い状態であったと評価できる（対立的停滞論レジームに近接する高揚論レジームに相当すると言える）．

　次に，φ, m_e を含む式全体について見ると，

$$F_u(1 - \varphi) + m_e = -0.034$$
$$F_r(1 - \varphi) + m_e = -0.362$$

従って，この時期には，顕著な「資源節約効果」は現れておらず，これを考慮しても，環境対策は利潤率を低下させる効果を示しており，「環境対策の費用の逆説」は成立していなかったと評価できる．

　次に，環境投資誘発と輸出競争力強化という動学的効果を検討すると，γ_e, x_e は有意な値を示していない．これは，この期間において，環境対策費用に顕著な増加がなく，またこのため環境対策経験の蓄積量にも顕著な変化がなかったためであると考えられる．環境対策の急速な強化があった場合には，γ_e, x_e が有意な値を示し，投資誘発と輸出増加の効果が表れる可能性がある．

　最後に，これら動学的効果を捨象して，どのような水準の資源節約効果を持つ環境対策であれば r を増加させたかについて検討する．（23）式について計算すると，$\varphi/(1 - \varphi) > 1.328$ より $\varphi > 0.57$ となる．従って，費用回収率が約 60％程度以上の対策パッケージなら，r を増加させたことになる[8]．これは，2.1 で検討した 50％程度以上という条件と比較し，高い水準の費用回収効果が必要となっていることを意味している．本モデルは経済の基本的構造を分析するモデルであるので，これらの数値は，利潤率を増加させる環境対策の具体的条件を示す正確な値として理解されるべきではないが，70年代と 2000 年代との間の条件の変化は明確に観察できる．

　その要因を条件式の各パラメータの変化で見ると，70 年代に比較して輸入が稼働率の，輸出が利潤シェアの影響を受けてそれぞれ変動しやすくなっているという貿易に関する条件の変化が主な要因であり，加えて，80 年代末以降一旦は稼働率に感応的となっていた投資が再び利潤率に一層強く反応するようになったことも一因となっている．これは，グローバル経済化を主

104　第II部　日本における長期的変化

表5-3　環境対策費用の増加の利潤率等への影響(計量分析結果の期間ごとの評価)

	費用需要効果		費用需要効果＋資源節約効果	費用需要効果＋環境投資誘発・輸出競争力効果*
	F_u	F_r	$F_r(1-\varphi) + m_e$	$F_r + (\gamma_e \dot{E}/K + x_e T/K)/e$
1971-74	0.20	−0.80	−0.80	4.02
1975-1982	−0.03	−0.65	28.46	3.41
1983-87	0.12	−0.90	23.17	2.72
解釈	利潤率を低下，稼働率も低下の可能性 →「費用の逆説」成立せず．（「高揚論レジーム」ないし「対立的停滞論レジーム」に相当）		省エネ対策開始以降，資源節約効果により利潤率を上昇．→「環境対策の費用の逆説」成立．	環境投資誘発・輸出競争力効果により資源節約効果なしで利潤率を上昇．→「環境対策の費用の逆説」成立．
2001-2008	−0.06	−0.61	−0.36	−0.61
解釈	稼働率，利潤率とも低下 →「費用の逆説」成立せず．（「高揚論レジーム」に相当）		利潤率を低下（ただしm_eは検出しておらず，対策強化の場合の効果は不明）．	環境投資誘発・輸出競争力効果は検出せず（対策強化の場合の効果は不明）．

*比較静学によっては分析できないが，$[(\gamma_e \dot{E}/K + x_e T/K)/e]$が期間を通じてほぼ一定の値を示していたことを確認の上，期間の平均値を用いて評価したもの．なお，資源節約効果は除外している．

因とし，金融経済化も影響して，「環境対策の費用の逆説」が成立するための条件が，より厳しくなっているものと理解することができる．

　これらの要因のうち，輸出が利潤シェアの影響を受けて変動する効果は，生産費用の変化による競争力への影響を表している．仮に世界各国が協調して環境対策を強化すれば，生産費用の上昇は各国共通に生じるため，競争力への影響は現れないものと考えられる．しかし現実には，温室効果ガス排出削減の国際交渉の難航に見られるように，国際的な制度の形成は十分進んでおらず，各国ごとの制度を中心に対策を進めざるをえない状況にある．その意味で，地球規模の問題に対して対策制度が各国ごと中心であるという「調整の空間的・時間的乖離」により国際的な対策が進まないことが，「環境対策の費用の逆説」の条件を厳しくする一因となっていると理解することができる．他方で，動学的な効果も考慮した場合，他国に先行して対策を強化することで技術革新等を通じて競争力が強化されるという「輸出競争力効果」が発揮される可能性があり，この効果によって，いわば「調整の空間的・時間的乖離」を逆手にとった形での「環境対策の費用の逆説」が成立する可能性があることにも留意する必要がある．

以上の各期間の分析結果の概要を整理すると，**表 5–3** のようになる．

3 今後の環境対策の効果についての考察

　以上の分析結果に基づき，今後の環境対策が経済成長にどのような影響を持ちうるかについて考察する．現時点での経済の構造は以上の分析からは明らかではないが，ここでは，2008 年頃までの構造から大きくは変化していないと仮定して検討することとする．

　環境対策費用は，費用一般と同様，分配面の変化を通じて需要を増加させる費用需要効果により稼働率と利潤率を増加させる可能性があるが，グローバル経済化の影響等もあり，70 年代よりも若干需要増加につながりにくくなっている．他方，環境対策に特有の効果として資源節約が期待できるが，直接的な費用回収とともに資源輸入の削減につながるため，完全に費用回収できなくとも一定程度の費用回収率の対策であれば，経済全体として利潤率上昇につながることとなる．このために必要な費用回収率は，2.2 での推計によれば，60% 程度以上であった．

　一方，環境対策が強化されれば，短期的に環境投資誘発効果が働くとともに，中長期的に輸出競争力強化の効果が得られる可能性があり，これらが順次働くことで中期的に継続的な需要増効果が現れる可能性がある．2.1 で示した 70 年代におけるこれらの効果の大きさの分析結果（具体的には $[(\gamma_e \dot{E}/K + x_e T/K)/e]$ の値）と，2.2 で見た 2000 年代における経済の状況を表す他のパラメータの値（具体的には F_r の値）とを比較すると，70 年代よりも大幅に小さい効果，具体的にはおよそ 5 分の 1 程度の効果であっても，利潤率上昇につながることが示唆される．

　以上は，資源節約効果と，環境投資誘発及び輸出競争力上昇の効果とのいずれかのみが働いた場合についての考察であり，これらの効果が同時に働く場合には，それぞれの効果がさらに小さくとも，相乗的に働き，利潤率上昇につながる可能性があることとなる．

　検討のための一つのケースとして，資源節約による費用回収率が 40% であり，投資誘発及び輸出競争力上昇を合わせた効果が 70 年代に観察された

106 第Ⅱ部 日本における長期的変化

効果の 20 分の 1 程度の規模で継続した場合を想定し，その利潤率への影響について検討してみると，動学的効果まで含めた条件式の値は，

$$F_r(1-\varphi) + m_e + (\gamma_e\dot{E}/K + x_eT/K)/e = 0.02$$

と正になり，利潤率を上昇させる効果を持つこととなる．

　ここで，これらの効果が今日の状況においてどの程度発揮される可能性があるかについて，若干の考察を試みる．資源節約効果については，温室効果ガス削減の具体的対策には長期的には追加費用をエネルギー費用削減により回収できるものが多いと考えられること（中央環境審議会, 2010），及び新興国の成長等により中長期的傾向としては天然資源価格の上昇が見込まれることを踏まえれば，大きな効果が得られる可能性があると考えられるが，他方，近年のシェールガス開発等により化石燃料価格が低下する可能性があることも勘案すれば，今後の見通しは必ずしも明らかではない．環境投資誘発効果については，需給ギャップがあり，金融資産が投資に十分活用されていないという日本経済の現状を踏まえれば，相当の効果が発揮される可能性が高いと考えられるが，例えば太陽光パネルに見られるように，環境対策による需要の相当部分が海外からの輸入で賄われ，投資誘発効果も国外に漏出する可能性があることも踏まえれば，効果の大きさは 70 年代に比べれば小さくなると考えられる．輸出競争力強化の効果については，日本が技術競争力を有してきた機械等の分野が環境対策においても重要であることを踏まえれば，一定の効果が発揮される可能性が高いと考えられるが，風力発電設備の例に見られるように，既に他国に先行されて技術力で後れを取っている分野もあることを踏まえると，やはり，70 年代に比べれば効果の大きさは相当程度小さくなる可能性が高いと考えられる．

　以上を踏まえれば，費用一般に共通する費用需要効果のみによって「費用の逆説」が成立する状況ではないものの，環境対策に特有の効果である資源節約効果，短期的な環境投資誘発効果，及び中長期的な輸出競争力強化の効果が一定程度発揮された場合には，「環境対策の費用の逆説」により稼働率と利潤率を上昇させる可能性，すなわち，グリーン成長が成立する可能性は高いと考えることができる．

第 5 章のまとめ

本章では，環境対策が経済成長にどのような影響を与えてきたのか，あるいは与える可能性があったのかを理解するために，第 3 章で示したカレツキアン・モデルを用いて計量分析を行った．

構造変化を考慮した係数の推定の結果，1975 年から 82 年までを中心とする時期と，2001 年から 08 年までの時期の二つの期間について分析した．75 年からの時期には，費用需要効果（費用増加が投資貯蓄バランスの変化を通じて需要を増加させる効果）のみによっては利潤率は上昇しない構造だったが，資源輸入を削減する効果のほか，対策投資を誘発する効果，輸出競争力を高める効果も働き，環境対策は利潤率を上昇させる効果を持っていたことが確認された．

一方 2001 年からの時期には，環境対策費用の増加は見られず，環境対策が利潤率を上昇させる効果も確認されなかった．グローバル化等を背景に，70 年代に比べて費用の逆説が成立しにくくなっていた．とは言え，環境対策が強化され，一定程度の資源輸入削減の効果，対策投資誘発の効果，輸出競争力強化の効果が発揮された場合には，全体として利潤率を上昇させる効果が働き，グリーン成長が成立する可能性は高いと考えられることが分かった．

本章の分析は，データの制約等から，2008 年までの日本経済の構造に基づいている．日本経済はその後，世界金融危機，東日本大震災，アベノミクスの影響を受け，基本的構造にも変化が生じている可能性があり，今後，データの整備に合わせて分析期間を延長していくことが課題として残されている．

第6章　経済と環境の関係の長期的変化の解釈

　ここまで，第4章において環境関係費用を長期推計することにより経済・環境関係の大きな変化を把握し，第5章においてカレツキアン・モデルを用いた計量分析によって環境対策の経済成長への影響を分析した．そして，具体的な環境対策の制度は，序章の**表序–1**のように時期により変化しながら整備されてきており，その背景には，第2章で分析した制度形成のメカニズムがある．本章で，これら各章の分析結果と具体的な環境対策制度に関する情報を総合して，経済と環境の関係の長期的な変化を解釈していく．

　1960年代から今日までの日本を対象として，経済・環境関係が大きく変化したと考えられる時点により時期区分し，それぞれの時期の特徴を分析する．第2章で示した枠組みを基礎として，制度形成の力学や環境関係費用の変化に着目しながら経済・環境関係の制度的調整の特徴を明らかにし，さらに成長レジーム（成長レジームが確立していない時期については成長のパターン）や調整様式（様々な制度形態から構成されている）との関係を検討することで，経済と環境の関係の全体像を把握していく．1960年代から1970年頃まで，1970年頃から1980年代前半まで，1980年代前半から1990年頃まで，1990年代から2008年頃まで，そして2008年以降という，5つの時期に区分して分析していくことによって，戦後から今日までの長期的な変化を理解していこう．

1　1960年代から1970年頃まで

経済・環境関係の制度的調整

日本は，戦後の資本主義黄金時代と言われる世界的な経済成長の中でも，

特に急速な高度経済成長を経験した．一方で，経済成長を支える大量生産の進展に伴い，資源・エネルギーの消費量と汚染物質の排出量が急増した．

これにより各地で産業公害が発生した．例えば，水俣では，日本を代表する化学企業であった新日本窒素肥料が有機水銀による汚染を引き起こし，深刻な健康被害を発生させた．四日市では，国家的事業として建設された石油化学コンビナートにより，二酸化硫黄等による深刻な大気汚染が発生した．このように，日本の代表的企業や国策としての産業開発事業からの汚染によって深刻な公害が発生した．

こうした地域では，被害を受けた住民によって被害補償や排出差し止めを求める運動が起こされたが，企業も行政も有効な対策をなかなか取らなかった．原因企業や産業界とともに産業を所管する通産省や一部の科学者も，原因が未解明であると主張し，対策の強化に反対した（川名，1987）．宮本は，「外来型開発」が住民の利益を軽視し公害につながることを指摘した（宮本，1989）．対策を求める地域のアクターの声は，国政の場には強い圧力としては届きにくく，対策に反対するアクターとそれを支援するアクターの強い影響力を前にして，利害調整は前進しなかった．被害を受ける住民と経済開発を主導する大企業や政府との間に，地域と国という空間的スケールの乖離があったこと（第2章で示した「調整の空間的・時間的乖離」）が，対策の遅れの一因となったと考えることができる．

なお，そうした中でも部分的又は局所的には，被害者と原因者との調整により対策が進んだ例もある．例えば，1958年に本州製紙江戸川工場からの排水により被害を受けた下流の漁民が工場内に乱入するという事件（本州製紙事件）が発生したことが契機となって，政府は急ぎ水質二法（「公共水域の水質の保全に関する法律」及び「工場排水の規制に関する法律」）を制定した（川名，1987）．被害者の要求が対策につながった背景には，事件が首都東京で起きたためにアクター間の空間的な乖離が小さかったことが影響していると考えることができる[1]．また，山口県宇部市では，地元炭坑を基礎として発展した企業により煤じん公害が発生したが，関係者の協力の下で自主的規制を進める「宇部方式」により対策が早期に進展した（川名，1987）．地元企業と市民，行政の間に空間的な乖離がなく，地域における調整が機能

したことが一因と考えることができる.

一方,エネルギー消費量の増大は,(この時点では科学的に明らかではなかったものの)温室効果ガスである二酸化炭素の排出量を,自然の吸収量を超過して増大させ続けた.また,石油等の枯渇性資源の残存量を減少させる効果を持っていた.しかし,この時期には,気候変動はまだ顕在化しておらず,また,石油資源の減少は中東等での新たな油田開発により埋め合わせられ,米国を中心とする国際経済体制の下で,石油価格は低水準で維持されていた.

これらの結果,第4章で見たように,この間に公害対策のための環境対策費用の顕著な増加は見られず,また資源輸入価格に反映されるところの地代の増加も見られなかった.他方,汚染物質の排出は増加しており,硫黄酸化物等に係る潜在的環境費用が高い水準で発生を続けるとともに,温室効果ガスの排出による潜在的環境費用も増加していた.

以上のように,この間の経済・環境関係は,資源エネルギー消費量及び汚染物質の排出量の増大にもかかわらず,これを調整する制度の形成は進まず,地代及び環境対策費用は増加せずに,潜在的環境費用を増大させる構造となっていた.本書では,この経済・環境関係の形態を「環境資源低コスト多消費型」と呼ぶこととする.

成長レジーム等との関係

次に,この経済・環境関係と成長レジームとの関係を見ていこう.この時期には,先進諸国において,生産の増加と生産性の向上の累積的因果連関を特徴とする,いわゆるフォーディズム型の成長レジームが機能していたと言われており,日本においては,高い利潤に支えられた高水準の投資が,このメカニズムを牽引したと言われている[2].この累積的因果連関は,大量生産・大量消費を必然的に伴うものであり,それに伴って,天然資源の消費と廃棄物の排出が増大した.しかし,地代と環境対策費用が低い水準に抑えられることによって,生産費用の増加が抑制され,高水準の利潤が確保されて,これが高水準の投資につながることにより,成長レジームが支持されていたと考えられる.従って,上記の環境資源多消費型の経済・環境関係の構造は,

112 第Ⅱ部　日本における長期的変化

この成長レジームの成立と維持に寄与していたものと考えられる．フォーディズムの分析において環境の側面は明示的には示されていなかったが，自然環境が豊富であるというこれまでの経済学の前提を外し，制度形態としての経済・環境関係の存在を前提とした場合には，フォーディズム型の蓄積体制を支える調整様式の一つの要素として，環境資源低コスト多消費型の経済・環境関係が寄与していたと考えることができる．なお，フォーディズムは，生産要素である労働力の投入における（量的拡大ではなく）生産性の拡大に支えられていたという意味で内包的蓄積であると特徴づけられている．ここで，生産要素である環境資源の投入に着目した場合には，上記のとおりその量的拡大に支えられており，フォーディズムは環境の側面については外延的な性格を持っていたと考えることができるだろう．

　以上のように，環境資源低コスト多消費型の経済・環境関係は，大量生産・大量消費と高利潤を特徴とするこの時期の蓄積体制と両立的であり，これを支える調整様式の一部となっていたと言える．しかし，大量生産・大量消費に伴って，天然資源の大量消費と汚染物質の大量排出という環境資源の利用の外延的な拡大が続けば，いつかはその限界に達することとなる．いずれは資源価格又は被害補償という形での地代の増加，あるいはそれを回避し抑制するための環境対策費用の増加は避けられず，これらは利潤を減少させる要因となる．その意味でこの蓄積体制は，環境の側面においても，危機につながる内生的なメカニズムを持つものであったと言える．その限界はこの時期においても既に産業公害という形で現れてはいたが，調整の空間的な乖離によって生産システムにとってはまだ顕在化していなかった．しかしこれに続く時期には，公害の深刻化を受けた対策の要請と石油危機という形で顕在化することとなるのである．

2　1970 年頃から 1980 年代前半まで

経済・環境関係の制度的調整

　大量生産・大量消費に支えられた経済成長に伴い，汚染物質の排出が増加し，産業公害が深刻化した．これを受けて 1960 年代から各地で住民運動が

発生し，さらに訴訟も提起されるなど，活動が活発化，高度化していった．例えば四日市では，ぜん息などの健康被害を受けて，60年代前半から住民による抗議運動が起こり，67年に訴訟が提起されるに至った．静岡県三島・沼津両市と清水町では，石油化学コンビナート計画に対して地域住民から反対運動が起こり，通産省による調査団の報告にも独自の科学的調査で反論するなど活発な活動が展開され，1964年には計画が白紙撤回されるに至った（川名，1987; 宮本，1989）．

　このような住民運動を契機として，公害反対の世論と運動がマスメディアや科学者の支持を得ながら全国に広がり，次第に国政上の重要問題となっていった．1970年にはいわゆる「公害国会」が開かれ，公害対策の強化が集中的に審議されて，関係する14の法案が成立した．公害対策基本法，大気汚染防止法等が改正され，水質汚濁防止法，廃棄物処理法等が制定され，規制が大幅に強化されるとともに，いわゆる「調和条項」も削除された．さらに国会での議論や諸外国での環境行政機関設置の動きを踏まえ，佐藤首相（当時）の裁断という形で，1971年には環境庁が設置された（環境庁，1991）．これは，アクター間の利害調整において，政府内にも公害被害者と環境の利益を代表するアクターが生まれたことを意味する．その後，被害者などからの要請を背景に，環境庁が中心となって産業界との利害調整が進められ，総量規制導入や基準強化による工場の規制強化，さらに自動車排出ガスの規制基準の強化（53年規制，いわゆる日本版マスキー法）が進められていった（川名，1988）．

　この時期の公害対策の進展について，宮本（1989）は「公害運動の住民の世論と運動はマス・メディアや国際世論の応援をえて，公害裁判と自治体改革を通じて，政府の環境対策を転換させた」と総括している（pp. 318-324）．被害者の住民運動により代表された環境に関する利益が，司法，メディアなどの民主主義のルートを通じて国レベルの政治における重要課題となり，「調整の空間的・時間的乖離」が埋められ，関係主体間の調整の下で制度の形成が進んでいったと理解することができる．

　一方，大量生産，大量消費を支えるエネルギー消費の増加は，中東地域等からの輸入によって支えられていたが，中東戦争を契機として，石油輸出国

114　第II部　日本における長期的変化

による価格と生産の管理によって，二度にわたる石油危機が起こった．これ
により，原油価格が高騰し，企業の生産コストは急激に増加した．

　これに対応し，企業において生産工程の改善等による省エネルギー対策が
進められ，政府は税，融資，補助等の制度によりこれを支援した．こうして
進められた省エネルギー対策には，化石燃料消費と温室効果ガス排出の抑制
のみならず，結果として公害原因物質の排出を削減する効果もあった（環境
庁, 1981）．

　これらの結果，第4章で見たように，1970年から80年頃にかけて環境対
策費用が大きく増加し，次いで，原油輸入価格としての地代も増加した．こ
れに対応して，硫黄酸化物等の維持費用に見られるように，公害に係る潜在
的環境費用が大幅に減少し，また，二酸化炭素に係る潜在的環境費用も，増
加から減少傾向に転じた．

　このように，この間の経済・環境関係においては，住民運動を起点として，
社会的なコンフリクトを経た妥協として制度的調整が行われ，環境対策費用
が増加して公害に関する潜在的環境費用が大幅に減少し，少し遅れて，国際
政治における調整によってエネルギー資源の地代が増加するとともに，これ
に対応した省エネルギーに係る環境対策費用も増加し，二酸化炭素に係る潜
在的環境費用も減少傾向に転じた．本書では，以上の経済・環境関係を，公
害規制と省エネルギー対策の混合として把握し，「公害規制・省エネルギー型」
と呼ぶこととする．

成長レジーム等との関係

　次に，成長レジーム及び調整様式との関係について検討しよう．戦後の高
度成長はいわゆるフォーディズム型の成長レジームに支えられていたが，そ
の背景には，賃労働関係における妥協をはじめ福祉国家的な諸制度による調
整様式があったとされている．こうした制度の特徴は1970年代にも継続し
ていたが，国による公害規制を特徴とする経済・環境関係は，これと補完的
であったと考えることができる．

　この成長レジームは，国内の耐久消費財市場の飽和と賃金上昇等により
1970年前後に限界を迎え，危機に突入した．その後，1980年代には，需要

構成において輸出とこれに対応する投資により特徴づけられる輸出主導型の成長レジームが形成され，安定的な成長が実現したと理解されている（Uemura, 2000）．このように変化していった成長レジームに対して，この間における経済・環境関係は，どのような影響を与えたのだろうか．

　第5章の計量分析によって，環境対策費用の増加は，省エネルギー対策によるエネルギー資源輸入の抑制の効果により，稼働率はもとより利潤率を上昇させる効果を持っていたことが示された．また，この間の環境対策は，公害防止のための設備投資を誘発する効果を持つとともに，自動車排出ガス対策が燃焼技術の向上に寄与するなど，技術力を高め輸出増加に寄与する効果を持っていたと言われているが（OECD, 1991; 環境庁 , 1992），第5章の分析は，こうした定説とも整合的な結果を示し，省エネルギー効果を持たない産業公害対策のみを抽出した場合でも，やはり稼働率及び利潤率上昇の効果を持っていたことを示唆している．

　以上から，公害規制・省エネルギー型の経済・環境関係は，エネルギー資源輸入を抑制したほか，短期的には公害対策のための投資が景気の底を支える効果を持つとともに，中期的には技術開発が輸出競争力にも一定程度寄与し，全体として，60年代までの成長レジームの危機から80年代の新たな成長レジームの成立までの移行を円滑化する効果を有していた可能性が高いと考えられる．これは，日本の公害対策の経験によって示された，「グリーン成長」の実例であると言うことができる．

　前項で述べたように，戦後のフォーディズム型と総称される大量生産・大量消費を伴う成長レジームは，その内生的なメカニズムによって，公害を激化させ環境対策費用を増加させた．また，石油危機は直接的には外的なショックであったが，その背景には，エネルギー消費の増大という内生的な要因があった．こうして，経済・環境関係における環境資源低コスト多消費型の調整は限界に達し，変化を求められることとなった．成長レジームは，こうした経済・環境関係の変化を待たずに，需要の飽和や賃金上昇といった要因（これらは，主として賃労働関係に関わる要因と言える）によって既に限界に達していたが，石油危機による費用上昇は，それに追い打ちをかけて，危機を深めたと考えられる．

経済・環境関係の制度的調整は変化を迫られ，公害対策・省エネルギー型へと移行していった．この新たな経済・環境関係の下で，汚染物質による産業公害という形での環境資源の使用（廃物の吸収サービスの使用）は減少した．また，エネルギー消費の増加も抑制された，しかし，潜在機環境費用が依然発生し続けていることに表れているように，地球の吸収能力を超えるCO_2が排出され続けており，この面で，依然，環境資源の消費の拡大が続いていた．このことは，この時期の成長は，引き続き環境資源の使用の面で外延的性質を有しており，経済・環境関係の面で危機につながる内生的なメカニズムが継続していたことを意味している．

3　1980年代前半から1990年頃まで

経済・環境関係の制度的調整

1980年代に入ると，公害対策の効果により激甚な産業公害は沈静化した．しかし，大量生産，大量消費，大量廃棄型の経済活動が継続する中で，環境への負荷は発生し続け，80年代には都市生活型公害（大都市圏の自動車公害等）として表面化した．

都市生活型公害においては，原因者は幅広い生産消費活動に，被害者は大都市圏を中心とする幅広い生活者に，それぞれ広く薄く拡散していることなどから，産業公害に比較すれば住民運動の圧力は弱まった．

公害被害者という主要なアクターからの力が弱まる中で，環境対策は利害調整において推進力を失い，制度強化の動きが停滞した．これを象徴しているのが，環境影響評価法案である．この頃環境政策においては，環境影響評価法の制定が最重要課題となっており，1976年以降数回にわたって法案の国会提出が試みられたが，産業界及びこれと協調する通産省や政治家の反対の中で調整は難航し，1981年に法案の国会提出にこぎつけたものの，83年には審議未了，廃案とされた（環境庁, 1991; 川名, 1995）．

こうした制度強化の停滞の中で，環境対策費用についても，産出比で見た場合，1970年代末までの上昇傾向が止まり増加が見られなくなった．この時期を，公害規制・省エネルギー型の経済・環境関係が変化し，次の形態の

関係が始まるまでの間の，制度形成の停滞期として理解することとする．

4 1990 年代から 2008 年頃まで

経済・環境関係の制度的調整

　80 年代末になると，大量生産，大量消費，大量廃棄型の経済活動による環境負荷の蓄積は，廃棄物問題と地球環境問題として顕在化してきた．すなわち，廃棄物の量的増大による処分場逼迫等の問題が深刻化した．また，地球温暖化，熱帯林減少などの地球規模の環境問題への懸念が高まり，92 年には地球サミットが開催されるなど，国際的な議論が活発化した．

　これに対し，廃棄物問題や環境問題一般に関心を有する市民やその団体，持続可能性への懸念を共有する各分野の科学者等が新たなアクターとして現れてきた．例えば，伝統的な自然保護団体に加えて，廃棄物の不法投棄に反対する市民団体，リサイクル運動をはじめ環境活動を進めようとする市民団体などが現れた．また，IPCC などの活動にも触発されながら，地球環境問題に警鐘をならす科学者が増えてきた．廃棄物問題については，廃棄物処理の責任を負っている地方自治体も，産業界に減量化の努力を求める有力なアクターとなった．さらに，地球環境問題が国際的に首脳レベルの問題となってきた中で，高い関心を持つ政治家も現れてきた．例えば，1992 年の地球サミットに際しては，竹下元首相が，資金問題を議論する国際的な賢人会議の議長を務め，また環境基本法制等について議論する自民党の懇談会を主導するなど，影響力を発揮した（川名, 1995）．こうした政治的なリーダーシップの背景には，個人としての高い問題意識の他に，新たな分野での影響力拡大という政治的意図があったとも言われている（村井, 2001）．

　こうした新たなアクターの関心や活動の高まりを背景とし，また，国際的な会議や条約制定等も契機として，新たな制度の形成が進展を見た．

　例えば，環境対策の枠組みについて，1993 年に環境基本法が制定された．これは，前述の自民党の懇談会などの動きにも後押しされながら，地球サミットを契機に宮澤総理大臣（当時）から関係省庁に指示が出されたことを受けて，検討と調整が進められたものだった（環境庁企画調整局企画調整課，

1994).さらに,環境影響評価制度についても,同法の制定を契機に法制度が必要との気運が高まり,1997年に環境影響評価法が制定された.

一方,廃棄物処理を担う自治体からの要請と市民の意識の高まりを背景に,廃棄物の減量化とリサイクルを進めるための制度の整備が進んだ.1990年の廃棄物処理法の強化と再生資源利用促進法(現在の資源有効利用促進法)の制定を嚆矢に,1995年の容器包装リサイクル法制定,1998年の家電リサイクル法制定,2002年の自動車リサイクル法制定など分野ごとのリサイクル関係法令が整備され,また,関係制度を統括する枠組法として2000年に循環型社会形成推進基本法も制定された.これらの法令は,処理責任や費用負担を自治体,製造者等の間でどのように分担するかを中心に関係者の利害調整が行われた結果,指針を示して製造者の自主的な取組みを促す仕組み(再生資源利用促進法)や,リサイクルの費用負担を消費者に求める仕組み(家電リサイクル法,自動車リサイクル法)として導入された.これらの点は,欧州諸国の制度が製造者の責任を強調していることと比較して,日本の制度の特徴となっている(大熊,2006).

また,気候変動枠組条約の京都議定書の採択(1997年)を契機として,1998年に地球温暖化対策推進法が制定されるとともに省エネルギー法が改正され,以降,右議定書の締結を契機に2002年に,その発効を契機に2005年にと,歩調を合わせるようにこれら両法の改正が逐次進んでいった.また経団連は,1997年に,業種ごとに目標を定める「自主行動計画」を策定し,これが,政府の京都議定書目標達成計画に主要な対策として位置付けられた.

地球温暖化対策推進法は,国及び自治体の計画策定,国民の取組の促進措置を軸として制定され,逐次強化が図られてきた.一方,事業者に対する規制的な措置,炭素税,排出量取引制度については,検討されてきたものの,自主行動計画による自主的な取組みに委ねるべきであるといった産業界や経済産業省からの反対が強く,なかなか実現しなかった(こうした経緯が分かる資料として,例えば,中央環境審議会,2001)[3].省エネルギー法は,事業者にガイドラインを示す等によって省エネルギー対策を求め,必要に応じ指導・助言等を行うという,自主的取組の促進という色彩が強い仕組みとなっているが,対象となる事業者の範囲の拡大のほか,機器について性能基準を

定める制度の導入等も行われた[4].

このほか，消費者の環境意識の高まりや，国際面を含む企業間取引における関心の高まりを背景として，企業の環境マネジメントやグリーン購入も，企業の自主的な取組という形で広がりを見せた．

これらの制度は，70 年代の公害規制と比較して，一般に，消費者を含む幅広い関係者の協力と役割分担が重視され，また，対策の実施及びその内容について企業の自主性と柔軟性が重視されるという特徴を持っている．その背景には，環境への負荷の原因が幅広い経済活動に渡っているので，これに効率的にアプローチする必要があるという事情があるが，それに加えて，対策強化を求めるアクターの圧力が公害被害者の場合に比較すれば拡散しているため，制度の形成に当たって関係者，特に産業界からの同意が一層重要であったことも要因となっている．地球環境問題においては，工業国と脆弱地域（島嶼国等），現在世代と将来世代といった形で，原因者と被害者に乖離がある．こうした「調整の空間的・時間的乖離」が，アクターの圧力を弱め，制度的な調整の強度を弱めていると考えることができる．

以上の結果，環境対策費用の水準は，1990 年代から 2008 年頃にかけても，顕著な増加は見られなかった．一方，潜在的環境費用について見ると，硫黄酸化物等にみられるように産業公害については低水準に抑えられていたものの，大量生産・大量消費・大量廃棄型の経済活動は基本的に継続し，二酸化炭素については，増加は抑制されたものの自然の吸収量を大きく超過して排出され続けており，同程度の水準の費用が発生し続けていた．

以上のように，この間の経済・環境関係においては，市民等幅広い関係者の問題意識を背景にした制度的調整により，環境対策費用の顕著な増加を伴わない，自主性を尊重した形での制度形成が進展した．本書では，以上の経済・環境関係を，単純化して，「自主的取組型」と呼ぶこととする．

成長レジーム等との関係

次に，成長レジーム及び調整様式との関係について検討しよう．日本経済は，80 年代後半には輸出主導型の成長からバブル景気へと移行して過剰蓄積の状況となり，バブル崩壊とともに 90 年代の長期間の不況へと突入した．

120 第Ⅱ部 日本における長期的変化

2000年代前半には，再び輸出に主導される回復を示したが，諸制度間で構造的な両立性のある成長レジームとしての確立を見る前に，2008年の世界経済危機に見舞われたと理解されている（Uemura, 2011）．制度諸形態の関係について見ると，70年代から80年代には，制度階層性の中で賃労働関係が支配的な位置にあったが，90年代以降は国際金融市場を中心とした国際体制が上位に立って，賃労働関係はこれに適応するためにフレキシブル化を迫られており（山田，2008），特に近年は，アジア諸国との国際競争と分業に直面し，賃金コスト削減等の制度的変化が起こったことが指摘されている（Uemura, 2011）．

この間の経済・環境関係は，前述の通り，企業の自主性と柔軟性を尊重し，一般には環境対策費用の顕著な増加を伴わないものであった．経済・環境関係において環境対策費用の増加が抑制されていたことは，上記のような賃労働関係のフレキシブル化という動向とも軌を一にし，生産費用の抑制を通じてグローバルな競争経済への適応と整合するという意味において，制度階層性の上位にある国際体制との制度補完性を有するものであった．この時期の経済・環境関係の特性を説明する要因として，こうした支配的な制度形態からの影響を考えることができる．

他方，環境関連の特定の分野について個別に検討すると，ハイブリッド車をはじめ燃費性能に優れた自動車の輸出が経済回復の牽引役の一つとなった一方で，太陽光発電設備についてはかつての優位性が失われ，風力発電設備についても欧州等のメーカーに遅れている．これら分野における環境対策制度の状況を見ると，前者については燃費性能基準の強化や補助等の制度的対策が講じられてきた一方，後者については固定価格買取制度に象徴される制度的対応において欧州諸国に先行されていた．

以上のような状況を勘案したとき，この間の自主的取組型の経済・環境関係は，対策におけるコスト増加の抑制に資する一方で，競争力につながる環境技術向上に関しては十分な効果を挙げたとはいえない面がある．これらを総合的に見た場合に，2000年代前半の経済回復に対してどのような効果を有していたかについては，明確ではない．

こうした自主的取組型の制度的調整によって，廃棄物や汚染物質の排出の

増加は抑制されたものの，自然生態系の容量を大きく超える大量の排出は継続しており，その意味でこの成長パターンは，引き続き環境資源利用の面で外延的拡大に支えられており，いずれは危機につながる内生的なメカニズムが継続していたと考えることができる．

5 2008年頃以降

経済・環境関係の制度的調整

2008年に，サブプライム問題を契機とした世界経済危機に見舞われ，日本を含め各国経済は不況に突入した．それ以降，各国は，財政出動による有効需要創出を含め，有効な経済対策を模索し続けている．

一方，地球温暖化問題は深刻化し，2050年までに世界全体で温室効果ガスを半減する必要があるとの認識がG8首脳会議のレベルで共有された（2008年洞爺湖サミット）．

こうした状況の中で，環境対策によって経済を牽引しようとする，いわゆる「グリーン成長」や「グリーン・ニューディール」の考え方が国際的に関心を集め，これを志向する政策が，日本を含む各国で，経済利益を求める主体と環境対策を求める主体との協調の下，政治的に高いレベルで提案され，模索された（国際的な関心を示す文献として，例えば，OECD, 2011がある）．

日本においては，まず，時限的な財政出動措置として，エコカー購入，省エネ家電購入及び住宅のエコ改修に対する大規模な補助制度（例えば，エコカー補助金，エコポイント事業等）が導入された．一方で，生産における費用増加を伴う制度については反対も根強いが，利害関係者間での調整の上で，少しずつ導入が始まり，太陽光発電等への投資を促進するための固定価格買取制度（FIT）が2012年7月から導入され，また，地球温暖化対策税が2012年10月から導入されて段階的に税率が引き上げられている．FITによる電力買取りや地球温暖化対策税の税収を活用した支援策によって，再生可能エネルギー等への投資の促進が図られている．

以上のように，この間の経済・環境関係は，地球温暖化対策と不況下における経済活性化の両面の利益を同時に追求するための措置として，それぞれ

の利益に関わる主体の協調を軸として，環境対策の強化が試みられている．本書ではこの経済・環境関係の形態を暫定的に「環境主導成長志向型」と呼ぶこととする．

この経済・環境関係は確立したものではなく，変化する周辺状況の中で，今まさに模索されている最中である．

2011年3月に発生した東日本大震災と東京電力福島原子力発電所事故は，日本経済に大きなショックを与え，また，環境政策にも大きな影響を与えた．原子力発電所が停止する中で，経済活動全体を通じて省エネルギーが進展する一方，温室効果ガス削減対策の再検討が進められている．災害の経験は，自立分散型の社会経済を志向する方向に人々の意識を変化させたとも言われている．

また，アベノミクスに象徴されるように，国の最重要課題として経済成長を重視する方向が強化されている．デフレ脱却のために大胆な金融緩和が行われてきており，我が国の経済の構造に変化が生じつつある可能性がある．

こうした中で，今後，「環境主導成長志向型」の経済・環境関係が続いていくのか否か，またどのように変化していくのかは，現時点では明らかではない．

成長レジーム等との関係

このように現在進行形である経済・環境関係が成長パターンに与える効果を予測し評価するには時期尚早だが，現時点で可能な範囲で考察を試みよう．

これまでの財政赤字に依存した補助制度によって，エコカー，エコ家電等の売上高は顕著に増加し，不況下での景気対策としては相当の効果を発揮した（例えば，環境省他，2011）．ただし，家電製品については，制度終了後のリバウンドも指摘された．いずれにせよ，財政制約を考えれば，こうした制度による効果は短期間に限られる．

生産における費用の増加を伴う対策については，導入が緒についたところであるが，今後の対策強化の可能性を念頭に検討する．経済の現状は，第5章のモデルに基づく分析等によって示されたように，一般的な費用需要効果のみによって「費用の逆説」が成立する環境にはないものの，資源節約効果，

第6章 経済と環境の関係の長期的変化の解釈 123

環境投資誘発効果及び輸出競争力強化の効果が一定程度発揮された場合，環境対策費用の増加が稼働率と利潤率を上昇させる「環境対策の費用の逆説」が成立する可能性は高いと考えられる．今後，資源輸入費用の抑制につながるか，環境投資の誘発につながるか，輸出競争力の強化につながるか等の点に留意して望ましい制度を設計し，また国際的な制度形成等の動向に注意しながら先行者利益を得られる適切なタイミングで強化を進めていけば，環境対策の強化が経済成長に正の効果を持つことは可能と考えられる[5].

このような対策が実施されるか否かは，利害関係者のコンフリクトを含む調整の結果として決まることとなる．利害関係者の調整の可能性について考えるために，日本における関係するアクター等の現状について検討してみよう．

地球環境問題では被害者は空間的・時間的に離れて存在しており（調整の空間的・時間的乖離），制度形成につながるような市民団体からの強い圧力は，日本国内ではまだ生まれていない．個々の企業は，国際NGOからの批判や自然災害の激化を環境リスクとして認識しはじめているが，経済団体は，コスト削減のために労働面での規制緩和を求めるとともに，環境面でもエネルギー費用の低減を求めている．こうした現状を踏まえれば，市民団体などの対策強化を求めるアクターの声がコスト削減を求める産業界を圧倒するような形で強力な環境対策が導入されることは考えにくく，現実的なシナリオとしては，企業の利潤や経済成長と直接には衝突しない形で，関係アクターの協調の下で対策制度が形成されることが考えられる．

ここで，上記のような環境対策による利潤率上昇の効果は，個々の企業にとっては費用の増加であるが経済全体にはプラスに働くという逆説的なものであるので，経済的利益を求める主体と環境対策を求める主体のこれまでの協調において想定されてきた範囲を超える面があることに注意を要する．「自主的取組型」の経済・環境関係に見られたように，近年では対策費用の顕著な増加は見られなかったことを踏まえれば，今日の状況において，費用の大幅な増加を伴う対策強化が合意されるかどうかは明らかではない．その調整の行方は，市民団体などの新たなアクターの力がどこまで強くなるかとともに，経済的利益と環境対策とを求める主体間の協調の射程がどこまで広がる

124　第Ⅱ部　日本における長期的変化

かにも左右されるものと考えられる.

新たな制度的調整を模索する動き

　他方, 以上のような国や国際機関という場を中心とする制度とは異なる次元で対策を進めていこうとする, いわば新たな制度的調整を模索する動きが, 国際レベルと地域レベルで生まれてきている. 本節の最後に, こうした新たな動きについて見ておこう.

　その一つは, 環境 NGO の戦略である. 国際的な環境 NGO は, 国際的大企業をターゲットにして, 原料調達などにおける環境や社会面での問題について糾弾し, 消費者に不買を呼び掛けるというキャンペーンを始めている[6]. これは, 大企業をターゲットに対策を求めることで, そのサプライチェーンを通じて, 中小企業や海外の企業を含めて対策を浸透させていこうとする意識的な戦術である. 幅広いステークホルダーの参加の下で, 二酸化炭素排出量をはじめとする環境情報の開示を進め, 投資等の資金の流れに影響を与えようとする活動も広がりつつある. これらは, 消費や投資を行う主体の意識を企業に直接つなげることで, 政府や国際機関を経由せずに, グローバル経済に直接影響を与えていこうとする活動と見ることができる. 企業や投資家の側でも, 環境問題は重要なリスク要因になりうるとの認識が広がりつつある. 環境 NGO 等の批判対象となる熱帯林破壊, 有害物質, 紛争鉱物等の問題に加え, 今後の気候変動対策強化の可能性を念頭に, 化石燃料に関わる産業や資産に「炭素リスク」があるとの考え方も生まれている. 欧米を中心とする機関投資家の間では, 短期的利益より長期的利益を重視する視点から, 企業の財務面のパフォーマンスだけでなく環境, 社会, ガバナンスの面での情報も含めて投資判断に活かしていこうとする取り組み（ESG 投資と呼ばれる）も始まっている.

　もう一つは, 地域から持続可能なコミュニティを作っていこうとする取り組みである. 地域の自然資源と人的資源を活かして, 再生可能エネルギーや農林水産物を核として地域づくりを進めようとする動きが内外で広がりつつある. その事業化資金を, 市民, 地域企業, 地域金融機関から, いわば志のある資金として集め, 地域でのお金の循環を生み出そうとする意識も見られ

る．こうした動きは，例えば地域通貨の試みなどの形で以前から注目されてきたが，近年，固定価格買取制度の導入を契機に，再生可能エネルギーを地域の自然資源として捉え，地域主導で事業化しようとする取り組みが活発化している[7]．これは，地域において，グローバル資本主義とは一線を画した経済活動の領域を作り出そうとする動きと見ることができる[8]．

こうしたグローバルからローカルまでに及ぶ取り組みは，国や国際機関といった政府を中心とする制度とは別の方法で経済システムに影響を与えようとしている．とは言え，その多くは，政府の制度（例えば，一部の国の先進的な有害物質規制や FIT 制度）を手掛かりとして活用し，その効果を波及させることが重要な要素となっており，完全に自立的に機能できるものは少ない．各国の制度形成が難航する中で，どこまで大きな効果を発揮していけるかは，現時点では明らかではない．

6　長期的な変化

以上の 1 から 5 で見てきた時期ごとの経済・環境関係の主な特性を抽出すると，表 6–1 のように整理することができる．制度形成の原動力となるアクターの構造等の影響を受けて，経済・環境関係の特定の形が形成され，その特性は環境関係費用に映し出されてきた．そして，それぞれの時期の成長レ

表6–1　日本における経済・環境関係の時期ごとの特性

時　期	1960　　　　70　　　　80　　　　　90　　　2000　　2008				
成長レジーム	フォーディズム　　　　　　　　　輸出主導型　　　　（輸出主導）				
経済・環境関係	環境資源低コスト多消費型	公害規制・省エネルギー型	（環境対策停滞）	自主的取組型	環境主導成長志向型？
制度的調整の動態	調整の乖離による不十分な対策	住民運動から国レベルの政治課題となり公害規制導入	（アクターの圧力低下）	環境意識の広がりの下で自主的対策中心に進展	経済側と環境側の協調の下で財政支出等の対策
環境関係費用	低い環境対策費用と地代；潜在的環境費用増加	環境対策費用増加；地代上昇；潜在的環境費用減少		環境対策費用と潜在的環境費用の顕著な変化なし	費用増を伴う制度も少しずつ導入
成長レジームとの関係	大量生産・大量消費に伴う環境費用を抑制して高水準の利潤確保に寄与．	資源節約，環境投資誘発，輸出競争力効果を通じ，次のレジームへの円滑な移行に寄与．		競争的制度形態と補完的で，生産費用の抑制に寄与．技術競争力への寄与は不十分．	今後の関係は，資源節約，環境投資誘発，輸出競争力の効果に依存．

126　第Ⅱ部　日本における長期的変化

ジーム（又は成長のパターン）と何らかの形での両立的な関係を示してきた.

　こうした時間軸の中での経済・環境関係の変化は，第2章で見たように，蓄積体制（あるいは成長レジーム）の危機と関連しながら，また，調整様式における制度階層性の変化の影響も受けつつ進んできた，歴史的な進化として理解できる. 本章の最後に，こうした視点から，序章で触れた資本主義経済成立以後の歴史の中に位置づけながら，長期的な変化を巨視的に描写しておこう.

　19世紀の外延的な蓄積体制は，労働を低賃金で大量動員し，植民地等の手段で資源調達と生産物販売の場を拡大することを背景として成立していた. しかし，労働力調達に制約がかかり，さらに，利潤の実現に必要な需要の不足に直面して，20世紀初めには，世界大恐慌を契機に，大きな危機を迎えた[9].

　第二次世界大戦を経て20世紀半ば以降になると，新たに，労働と経済の関係（賃労働関係）において，労働生産性の上昇と労働への分配の増加を実現する制度的調整が実現し，生産性向上と需要拡大が両立する成長レジームが成立し，資本主義の黄金時代を迎えた. この成長レジームは内包的蓄積体制と呼ばれ，労働投入の面での外延的な拡大を必要としないものとなったが，その成立の必要条件として大量生産と大量消費を伴い，環境資源利用の面では外延的な拡大の性質を強く持っていた. このため，いずれ環境面で限界に達するという，危機につながるメカニズムが織り込まれたものであった.

　環境汚染の被害が遠方で，あるいは将来に現れるという空間的・時間的な乖離のために，この限界はすぐには顕在化せず，タイムラグを置きながら，段階的に表れてきた.

　まず70年代に，公害に対する住民運動と石油危機を契機として，この限界の一部が顕在化し，公害対策等の制度が形成された. 対策の実施により公害は改善され，エネルギー消費の増加も抑制された. しかし，引き続き大量生産に伴う資源利用と廃棄物や二酸化炭素の排出の増加は続いた.

　次第に地球環境問題として限界が顕在化してくると，環境問題への幅広い意識の高まりや国際的な動きが起こり，90年頃以降，環境対策の新たな制度形成が進んだ. しかしこの頃には，経済のグローバル化や金融化の下で，

競争的な制度形態が優先されるようになってきており，労働の面でも規制緩和が進められ，環境の面の制度においても自主性・柔軟性が求められることとなった．そうした環境対策の制度は，資源エネルギー消費量の増加を抑えることにはつながったが，依然，絶対量として自然環境の再生産能力を超える資源の消費とCO_2を含む廃物の排出が続いており，自然資本を消費する外延的な拡大が続いている．

以上のように，これまでの歴史を通じて，労働，環境の両面で外延的な拡大を伴わない形の成長レジームが実現したことはない．しかし，人類の経済は環境資源利用の面で既に限界を超過しており，外延的な拡大のない経済への転換を，いずれ何らかの形で迫られることになる．制度による調整の前に問題が深刻化し被害が拡大していけば，後追いによる補償や適応の費用が増大するなど，より厳しいハードランディングとなる可能性がある．

他方で，1970年代には，厳しい公害対策と省エネ対策を講じたことが，コストは増加させたものの，エネルギー資源の輸入を抑制したほか，短期的には投資の喚起につながり，また中長期的には技術開発を通じた輸出競争力にも寄与して，経済成長にプラスに働いていた．これはグリーン成長の実例と言える．そして，今日の状況においても，一国単位の対策であっても，一定の条件が満たされれば，グリーン成長が実現する可能性は十分にあることも分かった．とは言え，そうした制度的調整が実施されるには新たな社会的合意が必要であり，さらに，それによって環境面で外延的な拡大を要しない水準にまでたどり着けるのかという点は，別途問われなければならない．

第6章のまとめ

本章では，これまでの各章の成果を総合して，日本の1960年代以降の今日までの経済と環境の関係の長期的な変化を解釈してきた．制度的な調整及び成長レジームとの関係に焦点を当てながら，時期ごとの特性を分析することによって，これを行ってきた．

1960年代には，環境資源を低いコストで大量に使用する経済・環境関係が，大量生産・大量消費に支えられた成長レジームに寄与していた．

1970年代になると，被害者の住民運動などを原動力として，公害規制と

省エネルギーの制度形成が進んだ．対策費用が増加したが，資源節約のほか対策投資の誘発や輸出競争力の強化を通じて，経済成長にプラスに働いた．グリーン成長の実例と言える．

その後，対策強化を求めるアクターの力は時間的・空間的に分散して弱まった．また，グローバルな競争を軸とする制度形態が優先されるようになっていった．1990 年頃以降に国際的な関心の高まりを受けて制度の形成が進んだが，対策費用の顕著な増加を伴わない，自主性を重視したものが中心だった．

2008 年以降，経済サイドと環境サイドの合意の下で，環境による成長を志向した制度の導入が補助等を中心に始まった．費用増加を伴う対策が成長にプラスに働く可能性は現在でも高いが，そうした制度が導入されるかどうかは，今後，社会的合意がどこまでに拡大できるかに依存している．

資本主義の歴史の中で巨視的に捉えれば，19 世紀の外延的蓄積が限界に達し，危機を経た後，戦後の高度成長期には労働生産性の上昇に支えられた内包的蓄積が実現したが，これは環境の面では外延的な拡大の性格を持つものだった．その限界が顕在化したのが，現在の状況である．環境の面でも外部への拡大に依存しない経済への転換を，いずれ何らかの形で迫られることになる．

終章　未来への展望

経済システムの制度的調整の必然性と直面する困難

　本書の分析を通じて改めて明確になったのは，市場と資本に基づく経済システムは利潤を得て成長するために（本源的な生産要素である）環境と労働をより少ない費用でより大量に使おうとすること，従ってこれらが破壊されないようにするには，市場の調整機能に全てを委ねるのではなく，社会の側から制度によって制御する必要があるということであった．

　そうした制度は，これまで関係者間のコンフリクトと政治的な調整の結果として形成されてきた．まず労働の面において，労働運動を原動力として関係制度が整備された．次いで公害の激化を受けて，被害者等の住民運動を原動力として，公害規制制度が形成された．しかし今日，経済がグローバル化し環境問題が地球規模へと拡大する中で，被害者と原因者の間の空間的・時間的な距離が広がり，利害調整と制度の形成が進みにくくなっている．

　こうして制度によって制御されないまま経済システムは環境の使用を増大させ，資本蓄積と自然資本の減耗が並行して進んできた．いわば将来世代にツケを回すことで経済成長してきたのである．そして，経済システムの規模は既に地球生態系の収容力を超過してしまった．このままの成長を永続させることは不可能であり，早晩，何らかの形で大きな変化を迫られることになる．環境対策が抜本的に強化されるか，さもなければ，気候変動による自然災害の激化などに直面し，いわばハードランディングを強いられることになる．

　しかし，グローバル経済の中での競争力確保が最優先課題となっている今日，労働以下あらゆる分野で規制をむしろ緩和しようとする圧力が強まっている．そうした中で，環境対策として経済を制御する制度は，どのようにし

130

たら形成できるのだろうか．

空間的・時間的乖離を乗り越える制度形成の可能性

これまで様々な制度は，関係者間のコンフリクトと政治的な調整によって形成されてきた．「いつか政府や専門家（テクノクラート）が効果的な対策を講じてくれる」と期待するなら，現実を見ない夢物語になる．北欧や西欧の環境先進国と呼ばれる国々では，市民の高い環境意識が，多数の会員を擁する環境 NGO や緑の党を生み，環境対策の強化を求める政治的な声へとつながってきた．日本でも市民の環境意識は高く，「一人一人ができることから」という尊い努力が重ねられているが，それが政治的な調整につながらなければ，制度は形成されていかない．環境対策を語るとき，民主主義の在り方が問われるのである．

今後も，政治的な利害調整をおいて，制度形成の中心になれるものはない．そして，経済がグローバル化し環境問題が地球規模に広がっている今，それが機能するためには，被害者と原因者の間にある空間的・時間的な距離が埋められることが必要となる．国際的なガバナンスのための国際機関や国際条約の強化とともに，被害を受ける地域住民や将来世代の声を伝達し代弁する市民社会の役割がますます重要となるのである．

おそらくはその基礎として，空間と時間を超えた認識と共感の広がりが必要になるのだろう．これは経済のグローバル化に対応する社会のグローバル化と呼ぶべきものかもしれない．

これは容易なことではなく，地球環境問題による被害が相当程度顕在化し，危機感が国境を越えて人々に共有されるようになって，はじめて前進していくものであるかもしれない．それは，被害がどの程度差し迫ったものとなれば，実現するのだろうか．地球環境が破局的な事態に陥る前に実現できるのだろうか．

様々なレベルでの取り組みの前進

私たちは，グローバルな社会と制度という根本的な解を望みつつも，それが実現するまで座して待つことはできない．将来の被害を少しでも軽減する

終章　未来への展望　131

ためにも，また，そうした解の実現を助けるためにも，様々なレベルで前進していかなければならない．

　まず，国単位で先進的な制度を作っていくことは重要である．これまで国ごとに炭素税，固定価格買取りなど様々な仕組が導入されてきた．その多くは，まず環境先進国と呼ばれるような国々において先行して導入され，その経験と成果を参照しながら他の国々にも広がっていった．はじめは孤立した制度であっても，そこから面的な制度へと広げていける可能性がある．

　政府という場における制度化ではなく，より直接的に経済を調整し，グリーン化しようとする試みも生まれてきている．国際的な環境NGOは大企業をターゲットにした不買運動や情報開示を求める活動を通じて，グローバル経済に直接影響を及ぼそうとし始めている．気候変動をビジネス上のリスクと捉える動きも広がりつつあり，環境・社会・企業ガバナンスを考慮したESG投資は経済合理的な取り組みとして機関投資家にも広がりつつある．地域の自然エネルギーや一次産品を活かして事業を起こし，資源・エネルギーとお金の循環を生み出そうとする活動も，各地に芽生えている．

　これらの多様な取り組みは，相互に補強しあえる可能性がある．例えば環境NGOの活動は社会全体の危機意識を高め，政府による規制の受容可能性を高める可能性がある．他方，これらの間には方向と射程に違いもあり，他の取り組みを阻害してしまうおそれもないとは言えない．例えば，環境リスクを考慮した経済合理的な判断によって対策が進むと強調しすぎれば，規制等の制度の強化に反対する論拠にも使われうる．

　市場メカニズムは，環境対策を浸透させる手段として重要であっても，制度形成の原動力にはなり得ない．経済合理性や自主性を強調した受け入れられやすい取り組みが，より本質的な取り組みを阻害するようなことになれば，環境対策にとって後退となってしまう．これらの多様な取り組みが相互に阻害することなく，補強しあいながら前進していくことはできるだろうか．

成長レジームとの関係とグリーン成長の可能性
　一方，国レベルで経済システムを調整する制度が形成されるとき，それが成長レジームと両立的となり，一定程度の成長が実現されれば，その制度的

調整は安定的となりうる．しかしそうではないとき，そうした制度的調整は利潤と成長を求める経済システムからの圧力にさらされることとなる．成長レジームと両立的な制度的調整は，果たして成立しうるのだろうか．

本書の分析では，一定の条件の下では，国単位の環境対策によって「グリーン成長」が実現できる可能性が高いことが確認された．環境対策の強化は，生産活動にとって費用の増加を意味する．しかし，資源輸入国で需要が不足している等の状況においては，資源生産性を上昇させて資源輸入を減少させるとともに，短期的には対策投資を誘発し，また中長期的には技術競争力の強化にも寄与して，需要を増加させ，成長にプラスに働く可能性が高い．これは厳しい状況の中の朗報である．グリーン成長は一時的な景気浮揚策に止まらない．中期的な経済パフォーマンスの向上は，技術革新の促進等を通じて生産能力を高め，長期的なパフォーマンスを向上させうるのである．

国際競争力と経済成長への悪影響を懸念して対策強化に反対する声も強い中にあって，上記のような効果に留意して経済成長に資するよう工夫しながら環境対策を強化していくことは，国単位で実施できる当面の現実的戦略でありうる．

こうした戦略が現実に実施されるか否かは，利害関係者の調整の結果として決まる．その調整の行方は，市民団体など新しいアクターの力がどこまで強くなるかに依存するが，同時に，経済利益を求める主体と環境対策を求める主体の間の合意の可能性にも大きく左右される．両者の合意は，近年は，明瞭な負担を伴わない「自主的取組」に限られてきたが，その射程が生産費用を増加させるような対策にまで広がるかどうかが鍵となる．その際，本書で示したような，個々の企業にとっては費用の増加に見えても国の経済全体においては成長にはつながるという「費用の逆説」の可能性について理解が共有されれば，こうした協調の拡大に資する可能性があるはずだ．

とは言え，グリーン成長をもって万能薬とすることはできない．一国のみの対策では地球生態系の劣化は止められないが，グリーン成長の戦略をあらゆる国が選択するとは考えにくく，またそれは可能でもない．グリーン成長が成立するかどうかは，資源輸入国であるか，輸出競争力上昇の恩恵を受けられるか等の経済の状況に依存するからである．また，短期から中期におけ

る成長への正の効果は見込めるものの，長期における効果は，将来の環境，労働等の面での供給制約と技術革新の状況に依存し，不透明である．環境対策は，需要には正の効果を持ちうるが，生産性（労働生産性，資本生産性）には直接的には負の影響を持つからである．

外延的拡大の限界と危機

長期的な視点から資本主義経済の歴史を振り返れば，その成立以降，農村や植民地といったシステムの外部からの労働力の供給と外部への販路の拡大に支えられた外延的な成長を続けてきた．戦後の黄金期にシステム内部での労働生産性の向上と消費拡大による内包的な成長を実現したが，それは環境の面においては，大量消費・大量廃棄による環境資源の消費拡大という外延的拡大の性質を持っていた．しかも，世界経済は今，新興国などのフロンティアへの拡大という外延的蓄積の性格を強めているように見える．すなわち，労働投入と環境利用の両面で外部への拡大を伴わないような成長は，いまだかつて実現してはいない[1]．そして，成長が実現できないときには，1930年代に見られたように，社会経済システムは危機にもがき苦しんで，ブロック経済化やファシズムの勃興という道に進んだのである．そうした過去の事実は，未来への展望に悲観的な影を落とす．

地球生態系の限界に突き当たり，システムの外部への拡大の余地がなくなったとき，環境，労働ともに量的に拡大することなく，生産性の向上のみによって成長し続けることは，果たして可能なのだろうか[2]．それが難しく，極めて低い，もしかしたらマイナスの成長しかできない場合，利潤を得て蓄積することを原動力としている経済システムは，果たしてそれに耐えられるのだろうか．危機の中で，成長を求めて環境資源の奪い合いが起こり，紛争に陥るおそれもある．世界は環境資源を公正に分かち合うことができるのだろうか．人類は今，資本主義経済をシステム外部への量的拡大なしに維持するという，かつてない挑戦に直面しつつある．

真の豊かさのための経済領域

もとより，経済成長と人間の幸福とは別の概念なのであって，私たちが本

当に目指すべきは，貨幣で測る GDP を大きくすることではなく，人々がより幸福に生きられるようにすることであるはずだ．物質的にここまで豊かになった今日，私たちが本当に求めているのは，人や自然とのつながり，文化や芸術との関わり，真理に近付ける知識，望む人生を追求できる自由等々といった，個人によって異なるが共通してすぐれて精神的な豊かさなのではないだろうか[3]．量的な成長ではなく，質的な発展が求められているのである．

そうした意味で，真の豊かさを求める意識の変化は，既に始まっているようだ．LOHAS の流行に見られるように，物質的豊かさよりも自然や健康を志向するライフスタイルが通奏低音のように広がりつつある．市民ファンドやクラウド・ファンディングのように，利益ではなく意味を求めてお金を使う動きも生まれている．そして前述したように，地域レベルで，人と人とのつながりや自然資本に基づいて，新しい豊かさを生み出す社会のモデルを作ろうとする動きも広がりつつある．

こうした活動は，市場経済と資本主義のシステムに全てを取りこまれるのではなく，それとは異なる原理の下での活動の領域を維持し広げていこうとする動きと理解することができる．市場経済を否定するのではなく，それを活用しつつ，別の領域を組み合わせていくのである．そうした領域を広げることは，経済データでは測れない真の幸福度を上げ，よりよい人生を実現することに繋がっていく．ポランニーは，人間の経済は元来「交換」のみならず「互酬」や「分配」により社会の一部として機能していたが，市場経済の成立によって市場交換のみが卓越してきたことを示したが，そうした失われた経済の領域を回復するという意味を持つのかもしれない[4]．

しかし，こうした領域を広げようとすることは，システムの外部に外延的に拡大することで成長しようとする資本主義の生産システムの駆動力に対抗し，また，これまでの歴史における変化の方向を逆転させようとする面があることも否定できない．そこには，必然的に摩擦を伴うだろう．こうした領域を資本主義の生産システムの領域と接合し，共存させていくことは，どうすれば可能になるのだろうか．

終章　未来への展望　135

幅広い連合と未来を見据えた橋頭堡づくり

　経済システムの永続性を考えるとき，我々は，こうした資本主義経済の根本にも関わるような変化を，手探りで模索していく必要がある．それには，おそらく様々なレベルでの努力と数多くの試行錯誤を要するだろう．

　グローバルな制度の形成を目指す取り組みと，国単位での先導的な制度の導入とを，市民社会の意識を政治的な調整につなげることで，一歩ずつ前進させていく．並行して，経済活動を直接グリーン化していこうとする取り組みや，地域から未来のモデルを作ろうとする活動を含め，幅広い取り組みを相互に補強しあいながら進めていくことができるかもしれない．いわば有志の幅広い連合である．

　グリーン成長は，そのために当面の合意を得る戦略であり，時間をかせぐ戦略であると考えることができる．すなわち，一国単位でも実施でき，幅広い合意が得やすい形で環境対策を進めることで，長期的な変化に備えてより本質的な取り組みを進めるための時間とリソースを得るのである．

　当面の現実的な戦略としてグリーン成長を追求しつつ対策を強化していく．同時にその限界を常に意識して，真に持続可能な社会への大きな転換を見据えた先駆的な活動や投資を進める．例えば，当面の環境負荷削減の対策だけでなく，再生可能な資源だけで永続しうるような生産活動のための技術開発や，気候変動が顕在化しても耐え得るような自然資本の維持・回復が挙げられる．そして，地域の自然や文化に根差した価値を生み出す活動や事業など，市場経済システムに完全には包含されない領域を少しずつ広げていくのである．

　人類の経済は既に地球生態系の限界を超えており，対策の抜本的強化に取り組むにせよ，変化した自然環境への適応を強いられるにせよ，いずれ何らかの形で大きな変化を迫られることになる．その変化が衝突ではなく軟着陸となるよう，いわば未来の社会への橋頭堡を少しずつ用意していくこと，それが今，我々に出来ることなのかもしれない．

第二の大転換に向けて

　世界経済は，20世紀前半に危機に直面し，自由市場経済から福祉国家的

経済へと大きく変化した．これをポランニーは「大転換」と呼んだ．その後，世界的に高い成長率を誇った黄金時代が終わって長期不況に突入し，さらにグローバル経済化の中で再び自由市場経済が卓越してくる中で，ときに「第二の大転換」の可能性が言及されてきた（Boyer (ed), 1986）．世界の経済は，地球生態系の危機に直面して，早晩，大きな変化を迫られることになる．この環境面からの変化が，第二の大転換の最大の要因となるのではないだろうか．

　この大転換は，20 世紀前半の大転換がそうであったように，誰かが予め設計できるものではなく，様々な利害関係者の政治的な調整の中で形作られていくものであろう．そして，20 世紀前半の大転換が 2 回の世界大戦を引き起こすほどの大きな苦しみを伴うものであったように，第二の大転換もまた，いや，もしかしたらより一層，難産であるかもしれない．しかし，歴史的な認識の上に立って，現実的な希望につながる未来へのビジョンを探り，それを共有していくことは，その過程で重要な意味を持つはずだ．私たちは今，国という空間的境界と世代という時間的境界を超えて社会的な意思決定を行い，市場経済を活かしつつ制御していく，という未曾有の挑戦に直面している．それは，労働と環境の両面で量的拡大に依存しない経済を実現し，経済成長を前提としない幸福を模索していく，という挑戦につながっていく．

　思えば近代産業文明は，社会と経済の調整を市場経済システムの「お金」に委ねることで，人間自身が社会的合意を作り制度を形成するという労力を省いてきた．そしてまた，さまざまな価値はお金で買うものとなった．

　これからの挑戦の過程において，私たちは，世界をより深く認識し，他者とより広く共感することを求められるだろう．価値を自立的に創造することも求められるだろう．それは，人間としての力をより大きく発揮していくことを意味するのかもしれない．

　この挑戦の先に，何が私たちを待っているのだろうか．

注

序章　問題認識とアプローチ

(1) IPCC（気候変動に関する政府間パネル）の第 5 次評価報告書では，長期的な緩和経路について複数のシナリオが検討されている．その中で，人為起源の温室効果ガス排出による気温上昇を産業革命前に比べて 2℃未満に抑えられる可能性が高い（66%以上の確率）緩和シナリオは，2100 年に大気中の CO_2 濃度が約 450ppm となるものである．このシナリオは，エネルギーシステムと土地利用を大規模に変化させることを通じて，今世紀半ばに人に起源温室効果ガス排出を大幅に削減することを前提としており，本文記載のような削減幅が想定されている．

(2) 例えば，ボワイエ（Boyer, 1986）は「レギュラシオン理論は，マクロ経済学の刷新に対して，ケインズ的というよりはカレツキー的な基礎を与えようとするものである．……（中略）……とはいえレギュラシオン理論は，ポスト・ケインジアンと三つの主要な着想を共有している.」としており，また，ラヴォア（Lavoie, 2004）は「ポスト・ケインズ派の視点は，レギュラシオン学派の数人の視点と同様に，……（中略）……制度学派の研究と密接に結びついている」としている．

(3) 経済と環境の関係を表す趣旨で，"social relation to the nature," "ecological régulation"（Becker and Raza, 1999），及び "economic relation to the environment"(Zuindeau, 2007)といったいくつかの用語が用いられている．

(4) スラッフィアンからの研究においては，投入・産出関係の中に廃棄物等の残余物を位置付けること等を通じて，長期均衡における経済の再生産構造の中で，環境の側面が分析されている（細田 , 2007 等）．これに対して本研究は，カレツキアン・モデルに環境対策のための費用を組み込むこと等により，需給ギャップが存在する中期を中心に，環境対策の経済成長への影響を分析しようとするものである．

(5) 生態学に着目した独自の研究として，生態系による剰余生産という観点から環境危機の原因を論じた鷲田（1994）も注目される．

〈第 I 部　理論分析〉

第 1 章　社会経済システムを経済・人間・自然環境の再生産として理解する

(1) デイリーらは，エネルギー・物質の流れの観点から，経済は地球生態系の一部として包含されているとのビジョンを示しているが，本書では，右の認識を重視しつつも，現実の社会において経済が極めて大きな影響力を有していることも同時に認識して，後述するように，経済と環境を並存するシステムとして理解している．

(2) 社会経済システムを三つの再生産として把える認識は，既に Beaud（1997）によって示されている．そこでは，地球，人間，資本主義の三つの再生産という用語が用いられ

138

ている.

(3) 生産財への投資は主として利潤から行われ，消費財の購入は主として賃金から行われ，管理サービスの購入は主として地代から行われる．ただし，利潤と地代は奢侈的消費にも充てられるなど，これらが完全に一致するわけではない．

(4) 経済成長を資本蓄積として分析するというアプローチは，古典派に遡り，剰余アプローチ，ポスト・ケインズ派などに受け継がれている．

(5) エコロジー経済学のデイリーらも，「……貨幣には指数的成長の文化を生む傾向がある……．これは二つの理由により起こる．第一に，貨幣が無から創造されて永遠に成長できるせいで，我々は，貨幣が象徴している富にも同じことができると考える傾向がある．第二に，単純な商品生産（C-M-C＊）から資本主義的循環（M-C-M＊）へという貨幣がもたらす歴史的転換により，我々の関心は，……無限に蓄積できるように見える抽象的な交換価値へと向けられる」として，マルクスを援用しつつ，貨幣の生成とその資本への転化が経済成長指向の根底にあることを指摘している（Daly and Cobb, 1994, p. 434）．

(6) このような認識の源流の一つとして，Kapp（1950）の「私的企業の社会的費用」の概念に遡ることができる．

(7) 生産システムで消費される，自然環境から供給された天然資源と廃物吸収サービスの総量を表す．これをどのように測定するかは環境研究の重要な主題であり，エコロジカル・フットプリント，物質フロー勘定などいくつかの指標が提案されているが，正確な測定方法は確立されていない．

(8) 地代率は，地代を環境資源消費総量（N）で除した値として定義される．

(9) 利潤,賃金に加え環境の側面を組み込んだ三次元の分配という表現は,既に細田（2007）によって示されている．細田（2007）は，スラッファ，フォン・ノイマン及びレオンチェフに基づくモデルに，残余物の排出権売買を組み込むことによって，長期均衡状態を賃金・利潤・排出権価格という三次元の曲面として表し，さらに，排出権購入の代替手段として残余物の処理プロセスを組み込んでいる．本書における利潤，賃金，地代及び地代と代替的な環境対策費用（後述の4で導入される）という三次元の平面としての表現は，基本的な認識においてこうした先行研究と整合しつつ，概念として天然資源に係る地代や省エネルギー対策を包含し（これによって，環境対策による資源費用節約の効果の分析が容易になる），また，より単純な一部門の線形方程式として定式化している（これによって，後述のカレツキアン・モデルへの統合が可能となる）という点に特徴がある．

(10) 上記仮定の下で有効需要原理を表す式は $I = s_r\Pi$ となる（ここで，I は投資を，Π は利潤を表す）．この両辺を K で除することにより，ケンブリッジ方程式が得られる（Lavoie, 2004）．

(11) 環境資源の代替可能性については，「強い持続可能性」と「弱い持続可能性」という異なる考え方がある．前者は，自然資本は人工資本により代替可能であり，自然資本の枯渇以上の人工資本の蓄積があれば持続可能性が維持されると考えるのに対し，後者は，代替可能性はないか，あるいはわずかであると考える（例えば，Daly and Cobb, 1989, p.

注　139

72）．本書では，限定的ではあるが一定の代替可能性があるとの前提に立って，議論を進める．

（12）環境・経済統合勘定では，「環境生産物（environmental products）」という概念により，環境に関する生産物との定義の下で，概念の外延としては自然資源の開発を含みうるとしつつ，研究の蓄積がある環境保護対策に焦点を当てて分析が行われている（United Nations et al., 2003, pp. 173-81）．これに対して，本書では，「環境資源代替財・サービス」という概念により，環境資源を代替する財・サービスという定義の下で，省エネルギー対策や代替エネルギーも重要な要素として含めて分析を行う．これは，本論文が，1に示した三つの再生産の概念を基礎とした一貫性のある分析枠組みを示そうとするものであること，及び日本の公害対策と省エネ対策の経験を合わせて分析することを意図していることによる．

（13）環境・経済統合勘定において，付随的活動（ancillary activities）を特定し，分離することの重要性が指摘され，その方法が提示されている（United Nations et al., 2003, pp. 183-84）．

（14）この場合には，生産物全体ではなく追加的な費用の部分が環境資源代替財・サービスと見なされる．

（15）中間段階を統合することによって最終財としての商品の生産を直接間接に必要な労働量と資本ストックとで表す「垂直的統合」の概念を参照して，この定義を用いている（Pasinetti, 1973）．ただし，実証的に追跡可能なモデルとするため，投資については，毎年の中間投入に変換しておらず，したがって垂直統合していない．

（16）Georgescu-Roegen（1971）は，過程（プロセス）の分析的な理解に従えば，フローとは境界を横切る要素を意味するので，部門を統合して境界を除去した際には，内部のフローは削除されるべきであるとの考え方を示している（pp. 253-62）．

（17）この定義は，資源を含む輸入を生産システムにとっての費用として捉えることを意味する．Taylor（2004）においても，需要全体を分析する上で利点があるとして，輸入を産出に含める社会会計行列が示されている．

（18）このモデルでは，資本と労働により生産された財・サービスによる環境資源の代替を明示的に扱う一方，資本と労働の間での代替は扱っていない．これは，本論文が環境対策という制度的調整による環境資源の意図的な代替に焦点を当てているためであり，価格による自動的な要素間代替を重視しないポスト・ケインズ派の伝統と整合している．

（19）環境資源代替財・サービスとその他の生産物との相対価格について簡単に考察しておく．両部門の間で各生産要素が同じ比率で使用される（すなわち $K_p: L_p: N_p = K_e: L_e: N_e$）と仮定すると，$p_e/p = Y/(Y + E)$ となる．ここで，現状の経済においては，$E \ll Y$ であるため，$p_e/p \approx 1$ が成り立つ．右理解の下で，一部門モデルによる分析を進める．

第2章　制度的調整と成長レジーム

（1）経済と環境の関係を6番目の制度形態として認識することは，既に Becker and Raza（1999）等によって示唆されている．

（2）ここで，政府は二重の役割を果たすことに留意すべきである．政府を全体として見れば，アクター間の妥協を法的に制度化する手段として機能する．政府の各機関（省庁など）を個別に見れば，それらは，他のアクターとの協力の下で特定の利害を代表する，立場の異なるアクターとして機能する．

（3）環境社会学の分野において類似の概念が確立されている．船橋（1998）は，受益圏と受苦圏との分離が環境問題を悪化させると指摘した．

（4）このような，蓄積を支える制度諸形態の内生的な変容を指して，近年は，内部代謝（endometabolism）という用語も用いられている（Boyer, 2004; Boyer, 2005）．

（5）Zuindeau（2007）も，環境と経済の関係の分析に制度補完性の概念を用いることを示唆している．

（6）典型的なフォーディズムにおいては，生産性上昇にインデックスされた賃金上昇という労使の妥協によって，消費需要の増加が確保されたと言われている．

（7）環境資源代替財・サービスの生産がそれ以外の生産一般と比較し労働集約的である場合にはこれらの効果はより強く現れ，資本集約的である場合にはより弱く現れることとなる．労働集約的な環境ビジネスにより雇用が増加するという議論は，この効果を指していると言える．

（8）より正確には，第一の効果は，長期的な性質も有している．環境対策の資源消費節減の効果は，技術進歩と資本設備の蓄積によって強化されるためである．

第3章　環境経済分析のためのカレツキアン・モデル

（1）分配の等式とカレツキアン・モデルを統合する本書のアプローチは，分配における変化は剰余の量そのものに影響を与え，したがって古典派の伝統にある剰余アプローチとケインズ及びカレツキの伝統にある有効需要原理とは統合可能である，との認識に基づいている（Bortis, 1996; 植村, 2007）．

（2）本書がカレツキアン・モデルを用いるのは，環境対策費用と需要の関係の分析を重視するためである．レギュラシオン理論又はポスト・ケインズ派理論を踏まえたモデルとしては，他にも様々な方法が考えられ，生産性レジームと需要レジームの関係を直接的に示すアプローチや，多部門を分析するアプローチも重要と考えられる．例えば，Uni（2011）は，「広義の生産性レジーム」を推計するとともにその制度的含意を検討することによって，Boyer（1988）に示されているような累積的因果連関モデルを環境問題に適用していく方向で，研究成果を上げている．

（3）限界削減費用逓増等を考慮すれば正確には線形とはならないが，e の水準の限界的変化による影響を分析する本モデルでは，単純化のため線形で表現することが可能である．

（4）この定式化の方法は，インフレーションのコンフリクト理論のモデル（例えば，Cassetti, 2003）と整合的である．

（5）1970年代の日本において，企業の公害防止支出は，価格の引き上げよりも，利潤の圧縮とその他の費用削減によって賄われたことが分かっている（環境庁, 1992）．

（6）資本ストックで標準化された地代は，次のように変形される．$R/pK = \rho N/pK = \rho N_p/$

$$pK_p = R_spY/pK_p = R_suv_p$$

(7) 投資貯蓄バランスをより正確に表すためには，右辺に政府の財政赤字を加えることが必要であるが，財政赤字は，e, u, r 等の本モデルの変数の関数としてではなく，政策的要因により決定されると仮定することにより，これを捨象している.

(8) 輸出入を含めたこのモデルでは $g^i = g^s$ が成立しないため g^i と r は直結せず，蓄積率への影響は，前節の冒頭で見た基本的モデルのように単純には分析しえない．数量体系の明示等によって蓄積率等への影響を明確に扱えるようにすることは，課題として残されている.

(9) 稼働率の上昇が超過需要を減少させるというケインジアン安定条件は，本モデルでは，$s_r\pi_pv_p - (\gamma_u - m_u) > 0$ で表される.

(10) ここでは，次節において動学的効果を考察する際に用いることも念頭に，カレツキアン・モデル分析の伝統の一つであるグラフ表示の方法に則って分析を行ったが，全微分による分析によっても同じ結果が得られる.

(11) 日本の民間設備投資は石油危機にもかかわらず 1970 年代を通じて概ね一定であった．この間，公害防止投資が急増し，1975 年頃に設備投資総額に占める比率で 20% 近くまでに達しており，これが投資総額の水準を支えたと考えられる．マクロ経済モデルによる研究によれば，公害防止対策は 1975 年において民間総投資額の 7.4% の増加をもたらしたと推計されている（環境庁, 1992）.

(12) 第 1 章 3 で述べたように，環境資源代替財・サービスの消費は一般に増大する傾向があると考えられるため，$\dot{E}/K$ の値は一般に正であると考えることができる．なお，仮に負の値を取る場合には，環境資源代替財・サービスの生産のための資本設備の必要量が減少すると，その維持に必要な投資の量が減少し，粗投資の水準に対して負の影響を与える，という効果を表すものと理解することができる.

(13) 本章前節までのモデルでは，典型的なカレツキアン・モデルの方法に従って，資本設備の供給制約は $u \in (0,1)$ として表現されているが，労働力の供給制約は表現されていない．カレツキアン・モデルの伝統を踏まえつつ，稼働率とともに雇用率を変数として組み込み，資本設備と労働力の供給制約を同時に考慮するモデルを構築した研究として，Sasaki（2011）がある.

(14) こうした効果を理論的に示した研究として，例えば，Dutt（2006）は，労働生産性の上昇率が労働市場の状態に応じて変化する効果を組み込んだモデルによって，有効需要の増加によって中期的な成長率が上昇すると，長期的な均衡成長率も上昇しうることを示している.

〈第 II 部　日本における長期的変化〉

第 4 章　環境関係費用による分析

(1) 日本総合研究所（2004）では，下水道等の政府サービスとリサイクル物品についても推計が行われているが，長期データの入手が困難であることに加え，本書は企業の生産活動に焦点を当てていること，また，リサイクルについてはその相当部分が廃棄物処理

142

に含まれていると考えられることから，ここでは捨象している．

(2) 潜在的な環境費用を把握し測定するため，幅広い方法論が提案されてきており，1993年版の環境・経済統合勘定は，維持費用（maintenance costs）を測定することを提案し（United Nations, 1993），2003年版の環境・経済統合勘定は，被害ベースの評価（damage-based valuation）を重視している（United Nations, et al., 2003）．そのうち維持費用は，「国内又は世界の自然環境の長期的な量的又は質的水準を損なわないように国内経済活動が改善され又はその影響が緩和されたとしたらかかったであろう追加的な帰属費用」であり，「維持費用の概念は，人工固定資産の減耗価額の算定方法に対応している」とされている（United Nations, 1993, pp. 105-107）．

(3) 日本総合研究所（1998）においては大気汚染（硫黄酸化物，窒素酸化物），水質汚濁（BOD，COD，窒素，リン），土地開発，森林伐採，資源枯渇及び二酸化炭素について，維持費用評価法により帰属環境費用が推計されている．これと本研究の推計対象項目の異同及びその理由は次のとおりである．窒素酸化物のうち移動発生源の部分については除去費用原単位のデータに課題があること等から省略した．水質汚濁については，有害物質について推計されていないところ，60年代以降の推移を分析するという本研究の趣旨に鑑みバランスを考慮して省略することとした．土地開発についてはこれに対応すべき環境対策費用を推計できないことから，また森林伐採及び資源枯渇（いずれも国内）については金額が小さいこと等から，省略した．

(4) この分野に関する研究として，例えば，長谷部他（2012）は，日本への製品輸入に伴う海外での二酸化炭素の排出量（カーボンリーケージ）を，国際産業連関表を用いて推計している．

(5) 1990年代前半及び後半に見られる環境対策費用産出比の増加は，産出の低下を反映したものである．

第5章　環境対策の経済効果の計量分析

(1) この仮定は，1970年代の日本において，企業の公害防止支出は，価格の引き上げよりも，利潤の圧縮とその他の費用削減によって賄われたという実証的事実によって，支持されている（環境庁, 1992）．

(2) 地代シェア関数については，ステップワイズ・チャウテストの結果1982年と85年にF値のピークがあり，この間に構造変化があったと考えられるところ，他の関数の時期区分と重ね合わせて期間ごとに分析を行う観点から，82年以前と以後という時期区分で推定した．

(3) 本研究で独自に推計した変数である e, $\dot{E}/K$ 及び T/K について単位根検定（ADF検定）を行った結果，単位根を持つとの仮説は棄却された（5%水準）．他方，他の経済諸変数には，単位根を持つとの仮説が棄却されないものが複数存在している．このため，各方程式について共和分検定（Johansen検定）を行った結果，いずれも共和分方程式が存在するとの結果が得られた（5%水準）．

(4) 1980年代末以降の時期についてこれら変数を除外した式を選択することが適切であ

ることは, AIC（赤池の情報量基準）又は BIC（シュワルツのベイズ情報量基準）によっても確認している. 1974年までの輸入関数については, 環境対策費用の中に省エネルギー費用が現れておらず, 資源節約の効果は発揮されていなかったと解釈することが適切と考えられることも踏まえている.

(5) 表 5–2 の推計結果において, t 値が 2 以下の係数については, 推計された値がもっともらしく, かつ, 絶対値が過大ではなく評価に攪乱をもたらすおそれが少ないことを確認の上で, 判断基準の計算に組み入れた. また, W_s, π, u, v_p については, 各期間の平均値を用いた（データ出所と加工方法は巻末に記載している）.

(6) 投資関数等が, 環境費用に関する変数を組み込むことによって, 成長レジームが限界に達したとされる 70 年以降の石油危機を跨ぐ期間について, 決定係数の高い形で推計されているが, このことは, 環境の側面を考慮することで成長レジームをより正確に分析できる可能性を示唆している.

(7) 環境対策費用は直接には貯蓄されないため, 賃金とは効果の現れ方が異なり, 賃金と利潤の関係の分析によるレジームの判定とは必ずしも同じ結果とならないことに留意が必要である.

(8) この時期において, 貯蓄方程式の賃金の係数（通常の意味での貯蓄率とは性格が異なる）の推計結果は, 有意ではなく, 値も極めて小さい. これは, 2008 年に利潤と貯蓄が同時に大きく低下した影響である可能性がある. 仮にこの係数がより大きい値であるとすると, F_r の値がより小さくなり, 利潤率を上昇させるための費用回収率の条件はより大きな値となるが, この場合でも本書の主な結論は影響されない.

第 6 章　経済と環境の関係の長期的変化の解釈

(1) とは言え, これらの法律は, いわゆる「調和条項」に表れているように経済に影響を与えない範囲内で対策を行うという考え方に基づいており, 十分な措置は講じられず, 各地での被害の発生を防ぐことはできなかった.

(2) 日本においては, 投資に主導された成長レジームが見られたが, インデックス賃金という典型的な労使妥協はなかったことなどから, 果たしてフォーディズムであったのか, またどのようなタイプのものであったのかについて, 多様な見解が示されている（山田, 2008）.

(3) とは言え, 2005 年改正で事業者に温室効果ガスの排出量の算定・報告・公表を義務付ける制度が導入され, 2008 年改正で事業者の排出抑制の努力に資するための指針を定める制度が導入されるなど, 次第に強化が図られてきている.

(4) 省エネルギー対策は厳密に言えば温室効果ガスの排出抑制対策とは異なる面があり, 例えば, 炭素含有量の少ないエネルギー源への転換は, 省エネルギーには含まれない.

(5) 米国における「グリーン・ニューディール」の議論等において, 労働集約的な環境対策による雇用創出効果が強調される場合がある. 労働集約的な環境対策は, 第 2 章 4 において触れたように, 費用需要効果を強めると考えられるが, 第 5 章の分析では, 我が国では費用需要効果のみによって費用の逆説が成立する状況にはないことが示されたと

ころ，この観点からは，特に労働集約的対策の重視が支持される結果は得られなかった．しかし，不況下における雇用確保の必要性の観点に加え，設備等の輸入に依存する対策との比較において国内雇用による需要創出効果を重視する観点，労働経験の機会の確保により長期的な生産性向上を図る観点等からは，労働集約的な環境対策の意義は，別途評価されるべきであろう．

(6) 例えば，国際環境 NGO の Greenpeace は，ネスレ（Neslé）社が製品に使用していたパーム油が，インドネシアのプランテーション由来で熱帯雨林の破壊につながっているとして，同社に警告するとともに不買キャンペーンを実施した．これを受けてネスレ社は，持続可能な資源からの調達に切り替えるとの調達方針を作成した．

(7) 例えば日本では，2000 年頃から市民ファンドによる風力発電の動きが始まったが，近年，地域主導の再生可能エネルギー事業化の取り組みがさらに活発化しており，地域間の協力や情報交換等を進める組織（例えば，「エネルギーから経済を考える経営者ネットワーク会議」，「全国ご当地エネルギー協会」）も設立されている．

(8) 藻谷他（2013）は，里地里山の自然資源を活かして地域で豊かさを生み出そうとする新たな経済活動が広がりつつあることを，「里山資本主義」と呼んで紹介している．

(9) この間，第一次世界大戦後には，労働生産性が上昇しつつも需要の拡大を伴わない「大量消費なき内包的蓄積体制」の時期があった．

終章　未来への展望

(1) この関係で，江戸時代の日本が鎖国の中で労働と環境で量的に閉じながらも質的に成長を続けたことは大いに注目される．江戸時代の日本の経済は，石高制を基本としており，市場と資本に基づくものとは言えないが，後半には商品経済が発達し商人資本も発生しており，資本主義経済化が始まっていたと見ることもできる．

(2) 情報やサービスを中心とした経済に移行すれば成長を続けられるとの議論がある．それは，物質的価値よりも精神的価値が重視される社会への転換であると言えるかもしれない．とは言え，デイリー（Daly, 1996）も指摘するように，情報にも常に媒介として物質やエネルギーが必要であることは忘れてはならないし，加えて，知識や情報の取引が広がることが本当に望ましいのかということは，常に問いなおす必要があるだろう．広く共有されてきた情報や知識が，市場で取引されるために囲い込まれて，社会全体としての知的ないし精神的な進歩が阻害される可能性も否定できないからである．それは，生産システムの外延的な拡大が，労働と環境資源から，さらに知的領域にまで及ぶことになるという隠れた意味を持つものであるかもしれない．

(3) セン（Sen, 1999）は，経済開発の目的として，人が価値を見いだせるような人生を享受できる自由と，それを可能にする潜在能力の重要性を指摘している．

(4) 地域における経済活動の領域を重視する考え方は，玉野井（1978）らにより「地域主義」として提唱されてきた．杉浦他（2001）は，市場と社会の「二つの原理をより立体的・多層的に配置・構成していく」ことによって「多元的経済社会」を構想することを提唱している．

参考文献

Amable, B.（2003）*The Diversity of Modern Capitalism*, Oxford University Press.（山田鋭夫，原田裕治他訳『五つの資本主義』藤原書店，2005 年）

Aoki, M.（1996）"Toward a Comparative Institutional Analysis", *The Japanese Economic Review*, 47-1.

畔津憲司，小葉武史，中谷武（2010）「カレッキアン蓄積分配モデルの実証分析」『季刊経済理論』47-1, pp. 56-65.

伴金美（2010）「経済モデルによる環境政策の影響評価」『季刊環境研究』161 号, pp. 135-40.

Baranzini, M. and Scazzieri, R.（1996）"Profit and Rent in a Model of Capital Accumulation and Structural Dynamics," in P. Arestis, G. Palma and M. Sawyer（eds）*Capital Controversy, Post-Keynesian Economics and the History of Economic Thought*, Routlege, pp. 121-32.

Barker, T., Qureshi, M. S., and Köhler, J.（2006）"The costs of greenhouse-gas mitigation with induced technological change: A Meta-Analysis of estimates in the literature", *Tyndall Center for Climate Change Research Working Paper* 89, Cambridge Centre for Climate Change Mitigation Research, Cambridge.

Barker, T., Pan, H., Köhler, J., Warren, R. and Winne, S.（2006）"Decarbonizing the Global Economy with Induced Technological Change: Scenarios to 2100 using E3MG", *The Energy Journal*, Endogenous Technological Change and the Economics of Atmospheric Stabilization Special Issue.

Beaud, M.（1997）*Le Basculement du Monde: De la Terre, des hommes et du capitalism*, La Découverte, Paris.（筆宝康之，吉武立雄訳『大反転する世界』藤原書店，2002 年）

Becker, J. and Raza, W.（1999）"Theory of Régulation and Political Ecology: an Inevitable Separation?" *Ambiente & Sociedade* 5, pp. 5-20.

Blecker, R. A.（2002）"Distribution, demand and growth in neo-Kaleckian macro models," in M. Setterfield（ed）*The Economics of Demand-led Growth: Challenging the Supply-side Vision of the Long Run*, Edward Elgar, pp. 129-52.

Borden, T. A., Marland, G. and Andres, R. J.（2014）*Global, Regional, and National Fossil-Fuel CO_2 Emissions,* Carbon Dioxide Information Analysis Center, Oak Ridge National Laboratory, U.S. Department of Energy, Oak Ridge, Tenn. doi 10.3334/CDIAC/00001_V2013.

Bortis, H.（1996）"Notes on the surplus approach in political economy," in P. Arestis, G. Palma and M. Sawyer（eds）*Capital Controversy, Post-Keynesian Economics and the History of Economic Thought*, Routlege, pp. 11-23.

Bowls, S. and Boyer, R.（1990）"Wage, aggregate demand, and employment in an open economy:

an empirical investigation," in G. A. Epstain and H. M. Gintis（eds）*Macroeconomic policy after the conservative era*. Cambridge University Press, pp. 143-71.

Boyer, R.（1986）*La théorie de la régulation: Une analyse critique*, La Découverte, Paris.（山田鋭夫訳『レギュラシオン理論』藤原書店，1990 年）

Boyer, R.（ed）（1986）La flexibilité du travail en Europe, La Découverte, Paris.（井上泰夫訳『第二の大転換──EC 統合化のヨーロッパ経済』藤原書店，1992 年）

Boyer, R.（1988）"Formalizing Growth Regimes", in G. Dosi, F. Christopher, R. Nelson, G. Silverberg and L. Soete（eds）*Technical Change and Economic Theory*, Printer Publishers, London, pp. 608-30.

Boyer, R.（2000）"The Political in the Era of Globalization and Finance; Focus on Some Régulation School Research," *International Journal of Urban and Regional Research* 24-2, pp. 274-322.

Boyer, R.（2004）*Une théorie du capitalisme est-elle possible?*, Odile Jacob, Paris.（山田鋭夫訳『資本主義 vs 資本主義──制度・変容・多様性』藤原書店，2005 年）

Boyer, R.（2005）"Coherence, Diversity, and the Evolution of Capitalisms – The Institutional Complementarity Hypothesis" *Evolutionary and Institutional Economics Review* 2（1）, pp. 43-80.

Boyer, R. and Hollingsworth, R.（1997）"From National Embeddedness to Spatial and Institutional Nestedness," in R. Boyer and R. Hollingsworth（eds）*Contemporary Capitalism: The Embeddedness of Institutions*, Cambridge University Press, pp. 433-84.

Cassetti, M.（2003）"Bargaining power, effective demand and technical progress: a Kaleckian model of growth," *Cambridge Journal of Economics* 27, pp. 449-64.

中央環境審議会（2001）『中央環境審議会地球環境部会国内制度小委員会中間とりまとめ』，http://www.env.go.jp/council/06earth/r061-01/01.pdf

中央環境審議会（2010）『中長期の温室効果ガス削減目標を実現するための対策・施策の具体的な姿（中長期ロードマップ）（中間整理）』，http://www.challenge25.go.jp/roadmap/.

Daly, H（1996）*Beyond Growth: The Economics of Sustainable Development*, Beacon Press, Boston.（新田功, 蔵元忍, 大森正之訳『持続可能な発展の経済学』みすず書房, 2005 年）

Daly, H. and Cobb, J. B.（1989）*For the Common Good; Redirecting the Economy toward Community, the Environment, and a Sustainable Future*, Beacon Press, Boston.

Daly, H. and Farley, J.（2004）*Ecological Economics: Principles and Applications*. Island Press, Washington.

Dutt, A. K.（2006）"Aggregate Demand, Aggregate Supply and Economic Growth," *International Review of Applied Economics*, 20-3, pp. 319-36.

船橋晴俊（1998）「環境問題の未来と社会変動」船橋晴俊，飯島伸子編『講座社会学 12 環境』東京大学出版会，pp. 191-224.

Georgescu-Roegen, N.（1971）*The Entropy Law and the Economic Process*, Harvard University Press.（髙橋正立, 神里公他訳『エントロピー法則と経済過程』みすず書房，1993 年）

長谷部勇一，藤川学，シュレスタ　ナゲンドラ（2012）「東アジアにおける経済構造変化とカーボンリーケージ」『経済研究』63-2, pp. 97-113.

Holt, R. P. F., Pressman, S. and Spash, C. L.（eds）（2009）*Post-Keynesian and Ecological Economics*, Edward Elgar.

細田衛士（2007）『環境制約と経済の再生産――古典派経済学的接近』慶応義塾大学出版会.

IPCC（2014）*Climate Change 2014, Mitigation of Climate Change*, Cambridge University Press.

環境省，経済産業省，総務省（2011）「家電エコポイントの政策効果等について」, http://www.env.go.jp/policy/ep_kaden/pdf/effect.pdf.

環境庁（1981）『昭和56年版環境白書』大蔵省印刷局.

環境庁（1991）『環境庁20年史』ぎょうせい.

環境庁（1992）『平成4年版環境白書』大蔵省印刷局.

環境庁企画調整局企画調整課（1994）『環境基本法の解説』ぎょうせい.

Kapp, K. W.（1950）*The Social Costs of Private Enterprise*, Harvard University Press.（篠原泰三訳『私的企業と社会的費用』岩波書店，1959年）

川名英之（1987）『ドキュメント日本の公害　第1巻――公害の激化』緑風出版.

川名英之（1988）『ドキュメント日本の公害　第2巻――環境庁』緑風出版.

川名英之（1995）『ドキュメント日本の公害　第11巻――環境行政の岐路』緑風出版.

Kronenberg, T.（2010）"Finding common ground between ecological economics and post-Keynesian economics," *Ecological Economics* 69, pp. 1488-94.

Lavoie, M.（1992）*Foundations of Post-Keynesian Economic Analysis*, Edward Elgar.

Lavoie, M.（2004）*L'économie postkeynésienne*, La Découverte, Paris.（宇仁宏幸，大野隆訳『ポストケインズ派経済学入門』ナカニシヤ出版，2008年）

Lavoie, M.（2010）"Surveying short-run and long-run stability issues with the Kalickian model of growth" in M. Setterfield（ed）*Handbook of Alternative Theories of Economic Growth*, Edward Elger, pp. 132-56.

Lewis, W. A.（1954）"Economic Development with Unlimited Supplies of Labour", *Manchester School of Economic and Social Studies*, 22, pp. 139-91. Reprinted in A. N. Agarwala and S. P. Singh（eds）（1958）*The Economics of Underdevelopment*, Oxford University Press, pp. 400-49.

李志東，載彦徳（2000）「硫黄酸化物汚染対策に関する日中比較分析」『エネルギー経済』26-3.

Lipietz, A.（1995）"Ecologie politique régulationniste ou économie de l'environnement?" in R. Boyer and Y. Saillard（eds）*Théorie de la Régulation: L'état des savoirs*, La Découverte, Paris, pp. 350-56.（若森章孝，若森文子訳『レギュラシオンの社会理論』青木書店，2002年, pp. 295-302）

Lipietz, A.（1999）*Qu'est-ce que l'écologie politique?: La grande transformation du XXIᵉ siècle*, La Découverte, Paris.（若森文子訳『政治的エコロジーとは何か』緑風出版，2000年）

Maddison, A.（2001）*The World Economy: A Millennial Perspective*, OECD, Paris.（金森久雄監

訳『経済統計で見る世界経済 2000 年史』柏書房，2004 年）

Marglin, S. A. and Bhaduri, A.（1990）"Profit squeeze and Keynesian theory," in S. A. Marglin and J. B. Shor（eds）*The Golden Age of Capitalism*, Oxford University Press, pp. 153-86.（磯谷明徳，植村博恭，海老塚明訳『資本主義の黄金時代』東洋経済，1993 年）

丸山真人（1999）「経済学と環境問題」中兼和津次，三輪芳朗編『市場の経済学』有斐閣，pp. 177-98.

Marx, K.（1867）*Das Kapital*, Erster Band, Karl Max/ Friedrich Engels Werke, Band 23, Dietz Verlag.（岡崎次郎訳『資本論』第 1 巻，国民文庫，大月書店，1972 年）

南亮進（1970）『日本経済の転換点』創文社

宮本憲一（1989）『環境経済学』岩波書店.

藻谷浩介，NHK 広島取材班（2013）『里山資本主義』角川書店

村井恭（2001）「自民党新環境族の形成と崩壊——族議員の変種（バラエティ）」『国際政治経済学研究』7, pp. 133-56.

室田武（1979）『エネルギーとエントロピーの経済学』東洋経済

日本総合研究所（1998）『環境・経済統合勘定の推計に関する研究報告書』日本総合研究所，東京.

日本総合研究所（2004）『SEEA の改定にともなう環境経済勘定の再構築に関する研究報告書』日本総合研究所，東京.

西洋（2010）「VAR モデルを用いた日本経済の所得分配と需要形成パターンについての実証分析」『季刊経済理論』47-3, pp. 67-79.

Norgaard, R. B.（1994）*Development Betrayed: The end of progress and a coevolutionary revisioning of the future*, Routledge, New York.（竹内憲司訳『裏切られた発展——進歩の終わりと未来への共進化ビジョン』勁草書房，2003 年）

OECD（1991）*Environmental Performance Reviews: Japan*, OECD, Paris.（環境庁，外務省監訳『OECD レポート——日本の環境政策』中央法規，1994 年）

OECD（2011）*Towards Green Growth*, OECD, Paris.

岡敏弘（2006）『環境経済学』岩波書店.

大熊一寛（2006）「EU との比較における日本の個別リサイクル制度の特徴と課題」『環境法政策学会誌』9, pp. 139-45.

大熊一寛（2013）『環境対策と経済成長の関係に関する理論的・実証的研究——レギュラシオン理論及びポスト・ケインジアン成長モデルに基づく日本の経済・環境分析』博士論文（横浜国立大学），http://hdl.handle.net/10131/8408.

Okuma, K.（2012）"An analytical framework for the relationship between environmental measures and economic growth based on the régulation theory: Key concepts and a simple model," *Evolutionary and Institutional Economics Review* 9-1.

Pasinetti, L. L.（1962）"The rate of profit and income distribution in relation to the rate of economic growth," *Review of Economic Studies* 29, pp. 267-79.

Pasinetti, L. L.（1973）"The Notion of Vertical Integration in Economic Analysis," *Metroeconomica*

25, pp. 1-29.

Polanyi, K.（1947）"Our obsolete Market Mentality", *Commentary* Vol. 3.（玉野井芳郎, 平野健一郎編訳『経済の文明史』筑摩書房, 2003 年, pp. 49 79）

Polanyi, K.（1957）*Great Transformation*, Beacon Press, Boston.（吉沢英成, 野口建彦, 長尾史郎, 杉村芳美訳『大転換』東洋経済, 1975 年）

Røpke, I.（2005）"Trends in the development of ecological economics from the late 1980s to the early 2000s," *Ecological Economics* 55, pp. 262-90.

Rousseau, S. and Zuindeau, B.（2007）"Théorie de la régulation et développement durable," *Revue de la régulation* 1.

Rowthorn, R（1982）"Demand, Real Wages and Economic Growth," *Sutudi Economici* 18.（横川信治, 野口真, 植村博恭訳『構造変化と資本主義経済の調整』学文社, 1994 年, pp. 1-46）

猿山純夫, 蓮見亮, 佐倉環（2010）「JCER 環境経済マクロモデルによる炭素税課税効果の分析」『JCER Discussion Paper』127, 日本経済研究センター, 東京.

Sasaki, H（2011）"Cyclical growth in a Goodwin–Kalecki–Marx model," *Journal of Economics*, DOI: 10.1007/s00712-012-0278-4

Sen, Amartya（1999）*Development as Freedom*, Alfred A. Knopf, New York.（石塚雅彦訳『自由と経済開発』日本経済新聞社, 2000 年）

Shefold, B.（1997）*Normal Prices, Technical Change and Accumulation*, St. Martin's Press, New York.

Söderbaum, P.（2000）*Ecological Economics*, Earthscan, London.

Stern, N（2007）*The Economics of Climate Change: The Stern Review*, Cambridge University Press.

杉浦克己, 柴田徳太郎, 丸山真人（編）（2001）『多元的経済社会の構想』日本評論社.

武田史郎, 川崎泰史, 落合勝昭, 伴金美（2010）「日本経済研究センター CGE モデルによる CO_2 削減中期目標の分析」『環境経済・政策研究』3, pp. 31-42.

玉野井芳郎（1978）『エコノミーとエコロジー』みすず書房.

Taylor, L.（2004）*Reconstructing Macroeconomics*, Harvard University Press.

寺西俊一（1992）『地球環境問題の政治経済学』東洋経済新報社.

都留重人（1972）『公害の政治経済学』岩波書店.

Uemura, H.（2000）"Growth, Distribution and Structural Change in the Post-war Japanese Economy", in R. Boyer and T. Yamada（eds）*Japanese Capitalism in Crisis: A regulationist interpretation*, Routledge, pp. 138-61.

Uemura, H.（2011）"Institutional Changes and the Transformations of the Growth Regime in the Japanese Economy: Facing the Impact of the World Economic Crisis and Asian Integration", in R. Boyer, H. Uemura and A. Isogai（eds）*Diversity and Transformations of Asian Capitalisms.* Routledge, pp. 107-28.

植村博恭（2007）「社会経済システムの再生産と所得分配の不平等」『経済理論』43-4, pp.

5-15.

植村博恭，磯谷明徳，海老塚明（2007）『社会経済システムの制度分析』名古屋大学出版会.

植田和弘（1996）『環境経済学』岩波書店

宇仁宏幸（1998）『構造変化と資本蓄積』有斐閣.

Uni, H.（2011）"Economic Growth and Greenhouse Gas Emissions: An Analysis Using a Cumulative Causation Model," Paper for European Association for Evolutionary Political Economy 2011 Conference.

United Nations（1993）*Integrated Environmental and Economic Accounting: Interim version,* United Ntions.

United Nations, European Commission, IMF, OECD and World Bank（2003）*Handbook of National Accounting: Integrated Environmental and Economic Accounting 2003*, http://unstats.un.org/unsd/envaccounting/pubs.asp.

鷲田豊明（1994）『エコロジーの経済理論――物質循環論の基礎』日本評論社

WWF（2012）*Living Planet Report 2012*, WWF International, Gland.

山田鋭夫（1991）『レギュラシオン・アプローチ』藤原書店.

山田鋭夫（2007）「資本主義経済における多様性」『比較経済研究』44-1, pp. 15-28.

山田鋭夫（2008）『さまざまな資本主義――比較資本主義分析』藤原書店.

吉田文和（2010）『環境経済学講義』岩波書店.

吉川洋（1994）「労働分配率と日本経済の成長・循環」石川経夫編『日本の所得と富の分配』東京大学出版会，pp. 107-40.

Zuindeau, B.（2007）"*Régulation* School and environment: Theoretical proposals and avenues of research," *Ecological Economics* 62, pp. 281-90.

【付録】統計データの出所と加工の方法

○二酸化炭素排出量

　1990 年以降については『日本国温室効果ガスインベントリ報告書』(2012 年,国立環境研究所) の値を用い,それ以前についてはオークリッジ研究所の推計値 (Borden, et. al., 2014) を右の値と接続して用いた.

○硫黄酸化物排出量

　1990 ～ 99 年については『「気候変動に関する国際連合枠組条約」に基づく第 3 回日本国報告書』の値を,1970,75,80,85 の各年については科学技術庁科学技術政策研究所の推計を参照した日本総合研究所 (1998) の推計値を用いた.1970 年以前の値については李他 (2000) を用いた.他の年については『大気汚染物質排出量総合調査』(環境省) を参照しつつ排出原単位を推定しエネルギー消費量を乗じて推計した.

○内部公害防止費用

　日本総合研究所 (2004) における公害防止費用の推計方法にならい,公害防止施設の累積投資額からその維持管理費用を推計した (具体的には,公害防止施設の 20 年間累積投資額により現在設置されている公害防止施設の取得価額を推計し,これに 0.1 を乗じて維持管理費用を推計している).ただし,公害防止施設の投資額は,『設備投資動向調査』(経済産業省) の投資目的別構成比における「公害防止」(途中から「環境保全」に変更された) の比率を,JIP データベースにおける右調査の対象産業部門の投資額に乗じることにより求めた.なお,右データが存在しない 1977 年以前については,『公害防止設備投資調査』(通商産業省) のデータに基づく同様の推計等によって延長した.

○内部省エネルギー費用

　日本総合研究所 (2004) における公害防止費用の推計方法にならい,省エネルギー設備の累積投資額からその維持管理費用を推計した (具体的方法は上記に同じ).省エネルギー設備の投資額は,『設備投資動向調査』(経済産

業省）の投資目的別構成比における「省エネルギー」（途中から「省エネ・代エネ」等に変更された）の比率を，JIP データベースにおける右調査の対象産業部門の投資額に乗じることにより求めた．なお，右データが存在しない 1984 年以前については，『設備投資動向調査』（日本開発銀行）のデータに基づく同様の推計又は『設備投資動向調査』（経済産業省）の「合理化」の比率と同様のトレンドを仮定した推計により延長した．

○廃棄物処理費用

JIP データベースの産業連関表における，廃棄物処理部門から他の産業部門への中間投入額を用いた．ただし，右データが存在しない 1969 年以前について，内部公害防止費用と同様のトレンドを仮定して延長したほか，他の一部期間を線形補間した．

○環境研究開発費用

『科学技術研究調査』（総務省）における，環境保護を目的とした社内使用研究費のデータを用いた．

○天然資源輸入

『貿易統計』（財務省）における各品目の輸入価額を用いた．なお，この値を「地代」として用いた．

○硫黄酸化物及び窒素酸化物に係る維持費用

日本総合研究所（1998）における維持費用評価法による帰属環境費用の推計方法に則り，硫黄酸化物排出量及び固定発生源からの窒素酸化物排出量に，それぞれの排出削減費用原単位を乗じることにより求めた．ただし，排出削減費用原単位は，二酸化炭素に係る維持費用推計との整合性その他の観点から 1995 年の値を一貫して用いた．なお，窒素酸化物の排出量は，上記の硫黄酸化物と同様の方法（ただし李他（2000）は参照せず）によって推計した．

○二酸化炭素に係る維持費用

日本総合研究所（1998）における維持費用評価法による帰属環境費用の推計方法に則り，二酸化炭素排出量から自然吸収量を控除して得られる超過吸収量に，排出削減費用原単位のうち下位の値を乗じることにより求めた．自然吸収量は線形補間による推計値を用いた．

○蓄積率

SNA の「総固定資本形成」中の民間企業設備を資本ストックで除して求めた.

○利潤率

利潤を資本ストックで除して求めた.

○資本ストック

『民間企業資本ストック』（内閣府）のデータを用いた.

○賃金及び利潤

宇仁（1998）等を参考とし，吉川（1994）の方法を基本として法人企業について賃金と純利潤の分配比率を求め，これが個人企業についても妥当すると仮定して，企業全体の賃金と純利潤を推計した．ただし，利子については，法人企業と個人企業の双方の利潤を含むので，二重計算を避けるため，分配比率の推計においては含めず，企業全体の純利潤を産出する段階で加算した．その上で，純利潤に，SNA の「固定資本減耗」中の「民間企業設備」を加算し，粗利潤を推計した．具体的には以下の式による.

（法人企業賃金）＝「雇用者報酬」－（調整係数）×「個人企業企業所得」
                  －「官公庁給与所得」

ただし，（調整計数）は『個人企業経済調査』から産出した人件費と営業利益の比率，「官公庁給与所得」は『国税統計年報』のデータ，特に記載のないものは SNA による（以下同じ）.

（法人企業純利潤）＝「民間法人企業企業所得」＋（「家計所得」中「配当」）

（個人企業賃金）＝「個人企業企業所得」×［1 ＋（調整計数）］
                  ×（法人企業賃金分配比率）

（個人企業純利潤）＝「個人企業企業所得」×［1 ＋（調整計数）］
                    ×（法人企業純利潤分配比率）

（賃金）＝（法人企業賃金）＋（個人企業賃金）

（粗利潤）＝（法人企業純利潤）＋（個人企業純利潤）＋（「家計所得」中「利子」）
            ＋（「固定資本減耗」中「民間企業設備」）

○産出

以上の方法により求めた賃金及び粗利潤に輸入を加算して「産出」とした.

環境対策費用シェア，天然資源輸入シェア等は，これに対する比率として求めた．

○貯蓄

SNA の「貯蓄」に「固定資本減耗」を加えて，粗貯蓄を推計した．

○稼働率

JIP データベースの稼働率指数のデータを用いて，政府部門等を除く産業部門の稼働率指数を求めた．1969 年以前及び 2005 年以降等の右データが存在しない期間については，『鉱工業生産指数』の稼働率指数のデータと同様のトレンドを仮定して延長した．

○生産資本，生産労働に係る賃金，生産資本に係る利潤，生産資源に係る地代

上記方法による公害防止設備と省エネルギー設備の投資額より環境対策資本ストックを推計し（7%定率償却で推計），資本ストックからこれを控除して生産資本ストックを推計した．また，賃金に 1 から環境対策費用シェアを控除した値を乗じて生産労働に係る賃金を推計した．生産資本に係る利潤及び生産資源に係る地代についても同様である．これらを用いて産出・生産資本比率，生産労働に係る賃金シェア，生産資本に係る利潤シェア，生産資源に係る地代シェアを算出した．

○環境対策経験の蓄積

環境対策費用（実質ベース）に表される環境対策の量について，第 3 章 3 で示した式 $T_t = E_{t-1} + (1 - \delta) T_{t-1}$ に則って，その蓄積量を，技術的知識の減耗率 δ を 10% と置いて算出した．

おわりに

　本書は，学位論文「環境対策と経済成長の関係に関する理論的・実証的研究——レギュラシオン理論及びポスト・ケインジアン成長モデルに基づく日本の経済・環境分析」（大熊（2013））に加筆したものである．

　筆者がこのテーマについて研究を志したのは，実務において環境政策立案と調整に長年携わる中での経験が契機であった．経済成長と環境対策の関係は常に関心を集め，しばしば政治レベルでも議題となるのだが，いざ検討しようとするとなかなか議論がかみ合わない．例えば CO_2 削減の目標を検討する際に，「グリーン成長」への関心も踏まえて経済へのプラスの効果を含めて議論しようとの気運があっても，経済モデルによる予測として示されるのはマイナスの結果のみであると言ってよく，しかもモデルの前提や限界もなかなか共有されない．そうした状況にしばしば直面して，さらなる知見の必要を感じざるをえなかった．また，有識者によって経済効率にも優れた望ましい政策が提案されても，業界団体，関係省庁，政治レベルを含めた政治的な調整の中ではなかなか実現しないという現実にも幾度となくぶつかった．政策手法の効率性の議論だけでなく，政治的な現実を視野に入れた知見の必要性も痛感した．こうした現実の問題意識から答えを探し求めた結果，制度と進化の経済学からのアプローチを追求することとなった．

　こうした行政実務を出発点とする探求を学術研究として形にし，さらに本書を出版することができたのは，ひとえに多くの方々からの指導，助言，支援のおかげである．横浜国立大学大学院国際社会科学研究院の植村博恭教授には，博士課程の責任指導教員として常に親身にご指導いただいた．実務を本籍としてきた筆者が学術研究で成果を得られたのは教授のご指導のおかげであり，心から感謝している．また，同研究院の長谷部勇一教授と氏川恵次准教授には，指導教員として継続してご助言をいただいた．さらに，同研究院の山崎圭一教授と慶應義塾大学経済学部の細田衛士教授にも論文審査をい

ただいた．細田教授には，環境経済・政策学会等の場でも論文の内容について貴重なコメントをいただき，激励をいただいた．感謝申し上げたい．

　本書の研究は，レギュラシオン理論など制度と進化の経済学や環境経済学に関わる研究者の方々に学会や研究会の場で接する中で前進させることができた．山田鋭夫名古屋大学名誉教授，論文にコメントをいただいた宇仁宏幸京都大学経済学部教授をはじめ，多くの方々から暖かい助言や激励をいただいた．そうした中で，レギュラシオン理論の泰斗であるロベール・ボワイエ教授からもコメントと激励をいただく機会を得たことは，幸いであった．諸先生に改めて御礼を申し上げたい．

　本書の出版にあたっては，横浜国立大学社会科学系80周年記念（鎗田基金）の出版助成をいただいたところであり，鎗田邦男氏に感謝を申し上げたい．そして，無名な筆者の初めての単著である本書の出版を快諾いただいた藤原書店の藤原良雄社長に，また，出版に向け終始丁寧な助言と力添えをいただいた同書店の山﨑優子氏に，心から感謝を申し上げたい．

　本書は，制度と進化の経済学，特にレギュラシオン理論とポスト・ケインズ派成長モデルを用いて，経済と環境との関係について分析を行った．理論分析と実証分析の両面から研究の前進を図ったが，なお多くの課題が残されている．例えば理論的側面においては，資本・労働・環境の供給制約を同時に考慮して長期の動学を中期的なパフォーマンスの影響を考慮しつつ分析することや，数量体系を明確に示すこと等により利潤率のみならず成長率や生産量についてより明確に分析することが，課題として浮かび上がっている．最終消費や政府支出における対策費用の効果，産業構造の変化，生産性レジームと需要レジームの動学的な関係など，いくつかの重要な側面も，本書で示したモデルでは扱えていない．異なる制度的調整に基づく経済の領域が世界や地域でどのように接合されうるのかという問題も，重要な理論的課題である．実証分析においても，環境関係費用の推計における対象範囲の拡大と精緻化や，制度形成の力学及び過程のより詳細かつ広範な分析は，さらなる研究が求められる領域である．アジア地域等の国際的な制度形成と，地域のローカルな取り組みの両面について，環境負荷の地域間の移動や国の成長レジームとの関係を含めて分析することも，今後の重要な課題と考えられる．

環境問題への制度と進化の経済学からのアプローチには大きな可能性があり，広い研究領域が広がっている．本書が，こうしたアプローチの進展に向け，一石を投じるものとなることを祈りたい．また，政策や事業の様々な場において環境と経済との関係に悩む方々にとって，将来への展望を得るための一助となれば，望外の喜びである．

　2015 年 5 月

大熊一寛

図表一覧

参考図	各章の関係 …………………………………………………	13

図序 –1	世界の GDP の長期的推移 ………………………	16
図序 –2	世界の CO_2 排出量の長期的推移 ………………	16
図序 –3	実質 GDP 成長率の長期的変化 …………………	18
図序 –4	労働生産性上昇率の長期的変化 …………………	19
図序 –5	炭素生産性上昇率の長期的変化 …………………	20
図序 –6	日本の資本蓄積率と利潤率の長期的変化 ………	22
図序 –7	日本の CO_2 排出量と SO_x 排出量の長期的変化 …	22
表序 –1	日本の主な環境対策制度の形成の歴史 …………	22

図 1–1	社会経済システムの再生産 ………………………	35
図 1–2	三つの再生産としての社会経済システム ………	37
図 1–3	経済成長の下での三つの再生産の変化の傾向 …	39
図 1–4	自然環境を含む 3 次元の分配モデル ……………	43
図 1–5	3 次元の分配モデルと自然資本の減耗 …………	45
図 1–6	環境資源の代替としての環境対策 ………………	47
図 1–7	環境対策費用を含む分配モデル …………………	52
表 1–1	環境資源代替財・サービスの例 …………………	47
表 1–2	投入産出構造における環境資源代替財・サービス ………	50

図 2–1	成長レジームの基本的構造 ………………………	64
図 2–2	「経済・環境関係」と成長レジームの関係 ……	65
表 2–1	「調整の空間的・時間的乖離」の構造 …………	60

図 3–1	モデルの図による表示 ……………………………	76
図 3–2	モデルの図による表示（ED 曲線の傾きが負の場合） ………	76
図 3–3	「環境対策の費用の逆説」と各種効果の関係 …	82
表 3–1	モデルの概要 ………………………………………	79

図 4–1　環境対策費用産出比（環境対策費用シェア）の推移 ························· 90

図 4–2　地代産出比（地代シェア）の推移 ······································· 91

図 4–3　潜在的環境費用産出比の推移 ··· 92

図 5–1　動学的効果の規模と推移 ·· 102

表 5–1　推定に用いた方程式 ·· 98

表 5–2　各方程式の回帰分析の結果 ·· 99

表 5–3　環境対策費用の増加の利潤率等への影響（計量分析結果の期間ごとの評価）
　　　　 ·· 104

表 6–1　日本における経済・環境関係の時期ごとの特性 ······················· 125

著者紹介

大熊一寛（おおくま・かずひろ）

1966年東京生まれ．1990年，東京大学教養学部教養学科卒業．同年環境庁入庁以後，環境と経済に関する分野を中心に，幅広い環境政策の立案・調整を担当．並行して研究に取り組み，横浜国立大学国際社会科学研究科（博士課程）修了．博士（経済学）．2012年より環境省総合環境政策局環境経済課長を務める．

グリーン成長は可能か？
──経済成長と環境対策の制度・進化経済分析──

2015年5月30日　初版第1刷発行 ©

著　者　大　熊　一　寛
発行者　藤　原　良　雄
発行所　株式会社　藤　原　書　店

〒 162-0041　東京都新宿区早稲田鶴巻町 523
電　話　03（5272）0301
ＦＡＸ　03（5272）0450
振　替　00160‐4‐17013
info@fujiwara-shoten.co.jp

印刷・製本　中央精版印刷

落丁本・乱丁本はお取替えいたします　　　　Printed in Japan
定価はカバーに表示してあります　　　ISBN978-4-86578-013-0

新しい経済学、最高の入門書

入門・レギュラシオン
(経済学／歴史学／社会主義／日本)
R・ボワイエ
山田鋭夫・井上泰夫編訳

マルクスの歴史認識とケインズの制度感覚の交点に立ち、アナール派の精神を継承、ブルデューの概念を駆使し、資本主義のみならず、社会主義や南北問題をも解明する、全く新しい経済学＝「レギュラシオン」とは何かを、レギュラシオン派の中心人物が俯瞰。

四六上製 二七二頁 二一三六円
品切 ◇ 978-4-938661-09-0
(一九九〇年九月刊)

民主主義に向けての新しい経済学

現代資本主義分析の新しい視点

レギュラシオン理論
(危機に挑む経済学)
R・ボワイエ
山田鋭夫訳＝解説

レギュラシオン理論の最重要文献。基本概念、方法、歴史、成果、展望のエッセンス。二〇世紀の思想的成果を結集し、資本主義をその動態性・多様性において捉え、転換期にある世界の経済・社会・歴史の総体として解読する理論装置を提供する。

四六上製 二八〇頁 二一三六円
品切 ◇ 978-4-938661-10-6
(一九九〇年九月刊)

LA THÉORIE DE LA RÉGULATION
Robert BOYER

現代資本主義分析のための新しい視点

危機脱出のシナリオ

第二の大転換
(EC統合下のヨーロッパ経済)
R・ボワイエ
井上泰夫訳

一九三〇年代の大恐慌を分析したポランニーの名著『大転換』を受け、フォード主義の構造的危機からの脱出を模索する現代を「第二の大転換」の時代と規定。EC主要七か国の社会経済を最新データを駆使して徹底比較分析、危機乗りこえの様々なシナリオを呈示。

四六上製 二八八頁 二七一八円
◇ 978-4-938661-60-1
(一九九二年一一月刊)

LA SECONDE GRANDE TRANSFORMATION
Robert BOYER

EC統合はどうなるか

現代資本主義の"解剖学"

現代「経済学」批判宣言
(制度と歴史の経済学のために)
R・ボワイエ
井上泰夫訳

混迷を究める現在の経済・社会・政治状況に対して、新古典派が何ひとつ有効な処方箋を示し得ないのはなぜか。マルクス、ケインズ、ポランニーの系譜を引くボワイエが、現実を解明し、真の経済学の誕生を告げる問題作。

A5変並製 二三二頁 二四〇〇円
◇ 978-4-89434-052-7
(一九九六年一一月刊)

マルクスの嫡子による現代資本主義の"解剖学"！

バブルとは何か

世界恐慌 診断と処方箋
〈グローバリゼーションの神話〉

R・ボワイエ
井上泰夫訳

ヨーロッパを代表するエコノミストである。「真のユーロ政策」のリーダーが、世界の主流派エコノミストが共有する誤った仮説を抉り出し、アメリカの繁栄の虚実を暴く。バブル経済の本質に迫り、現在の世界経済を展望。

四六上製 二四〇頁 二四〇〇円
(一九九八年一二月刊)
◇ 978-4-89434-115-9

日仏共同研究の最新成果

戦後日本資本主義
〈調整と危機の分析〉

山田鋭夫+R・ボワイエ編

山田鋭夫／R・ボワイエ／磯谷明徳／植村博恭／海老塚明／花田昌宣／宇仁宏幸／遠山弘徳／平野泰朗／鍋島直樹／井上泰夫／B・コリア／P・ジョフロン／M・リュビンシュタイン／M・ジュイヤール

A5上製 四二六頁 六〇〇〇円
(一九九九年二月刊)
在庫僅少 ◇ 978-4-89434-123-4

資本主義は一色ではない

資本主義VS資本主義
〈制度・変容・多様性〉

R・ボワイエ
山田鋭夫訳

各国、各地域には固有の資本主義があるという視点から、アメリカ型の資本主義に一極集中する現在の傾向に異議を唱える。レギュラシオン理論の泰斗が、資本主義の未来像を活写。

四六上製 三五二頁 三三〇〇円
(二〇〇五年一月刊)
◇ 978-4-89434-433-4
UNE THÉORIE DU CAPITALISME EST-ELLE POSSIBLE?
Robert BOYER

政策担当者、経営者、ビジネスマン必読!

ニュー・エコノミーの研究
〈21世紀型経済成長とは何か〉

R・ボワイエ
井上泰夫監訳
中原隆幸・新井美佐子訳

肥大化する金融が本質的に抱える合理的誤謬と情報通信革命が経済に対してもつ真の意味を解明する快著。

四六上製 三五二頁 四二〇〇円
(二〇〇七年六月刊)
◇ 978-4-89434-580-5
LA CROISSANCE, DÉBUT DE SIÈCLE. DE L'OCTET AU GÈNE
Robert BOYER

「金融市場を、公的統制下に置け！」

金融資本主義の崩壊（市場絶対主義を超えて）

R・ボワイエ
山田鋭夫・坂口明義・原田裕治＝監訳

FINANCE ET GLOBALISATION
Robert BOYER

サブプライム危機を、金融主導型成長が導いた必然的な危機だったと位置づけ、"自由な"金融イノベーションの危険性を指摘。公的統制に基づく新しい金融システムと成長モデルを構築する野心作！

A5上製　四四八頁　五五〇〇円
（二〇一一年五月刊）
978-4-89434-805-9

レギュラシオンの旗手が、独自な分析

ユーロ危機（欧州統合の歴史と政策）

R・ボワイエ
山田鋭夫・植村博恭訳

ヨーロッパを代表する経済学者が、ユーロ圏において次々と勃発する諸問題は、根本的な制度的ミスマッチであると看破。歴史に遡り、真の問題解決を探る。「ユーロ崩壊は唯一のシナリオではない、多様な構図に開かれた未来がある」（ボワイエ）。

四六上製　二〇八頁　二二〇〇円
（二〇一三年二月刊）
978-4-89434-900-1

あらゆる切り口で現代経済に迫る最高水準の共同研究

レギュラシオン・コレクション（全4巻）

ロベール・ボワイエ＋山田鋭夫＝共同編集

1　危　機──資本主義
　　　A5上製　320頁　3689円（1993年4月刊）　◇ 978-4-938661-69-4
　R・ボワイエ、山田鋭夫、G・デスタンヌ＝ド＝ベルニス、H・ベルトラン、A・リピエッツ、平野泰朗

2　転　換──社会主義
　　　A5上製　368頁　4272円（1993年6月刊）　◇ 978-4-938661-71-7
　R・ボワイエ、グルノーブル研究集団、B・シャバンス、J・サピール、G・ロラン

3　ラポール・サラリアール
　　　A5上製　384頁　5800円（1996年6月刊）　◇ 978-4-89434-042-8
　R・ボワイエ、山田鋭夫、C・ハウェル、J・マジエ、M・バーレ、J・F・ヴィダル、M・ピオリ、B・コリア、P・プチ、G・レイノー、L・A・マルティノ、花田昌宣

4　国際レジームの再編
　　　A5上製　384頁　5800円（1997年9月刊）　◇ 978-4-89434-076-3
　R・ボワイエ、J・ミストラル、A・リピエッツ、M・アグリエッタ、B・マドゥ、Ch-A・ミシャレ、C・オミナミ、J・マジエ、井上泰夫

貨幣論の決定版！

貨幣主権論
M・アグリエッタ＋A・オルレアン編

坂口明義監訳
中野佳裕・中原隆幸訳

貨幣を単なる交換の道具と考える主流派経済学は、貨幣を問題にできない。非近代社会と、ユーロ創設を始めとする現代の貨幣現象の徹底分析から、貨幣の起源を明かし、いまだ共同体の紐帯として存在する近代貨幣の謎に迫る。

A5上製　六五六頁　八八〇〇円
（二〇一二年六月刊）
◇978-4-89434-865-3

LA MONNAIE SOUVERAINE
sous la direction de Michel AGLIETTA
et André ORLÉAN

全く新しい経済理論構築の試み

金融の権力
A・オルレアン

坂口明義・清水和巳訳

地球的規模で展開される投機経済の魔力に迫る独創的新理論の誕生！ 市場参加者に共有されている「信念」を読み解く「コンベンション理論」により、市場全盛とされる現代経済の本質をラディカルに暴く。

四六上製　三三八頁　三六〇〇円
品切◇978-4-89434-236-1
（二〇〇一年六月刊）
André ORLÉAN
LE POUVOIR DE LA FINANCE

気鋭の経済思想家の最重要著作！

価値の帝国
（経済学を再生する）
A・オルレアン

坂口明義訳

「価値」を"労働"や"効用"の反映と捉える従来の経済学における価値理論を批判し、価値の自己増殖のダイナミズムを捉える模倣仮説を採用。現代金融市場の根源的不安定さを衝き、社会科学としての経済学の再生を訴える、気鋭の経済学者の最重要著作、完訳。

第1回ポール・リクール賞受賞
A5上製　三六〇頁　五五〇〇円
◇978-4-89434-943-8
（二〇一三年一月刊）
André ORLÉAN
L'EMPIRE DE LA VALEUR

単一通貨は可能か

通貨統合の賭け
（欧州通貨同盟へのレギュラシオン・アプローチ）
M・アグリエッタ

斉藤日出治訳

仏中央銀行顧問も務めるレギュラシオン派随一の理論家による、通貨統合論の最先端。ポンド・ドルの基軸化による国際通貨体制を歴史的に総括し欧州の現状を徹底分析。激動の世界再編下、欧州最後の賭け＝通貨同盟を展望。

四六上製　二九六頁　二七一八円
品切◇978-4-93861-62-5
（一九九二年十二月刊）
Michel AGLIETTA
L'ENJEU DE L'INTÉGRATION MONÉTAIRE

「大東亜共栄圏」の教訓から何を学ぶか？

脱デフレの歴史分析
（「政策レジーム」転換でたどる近代日本）

安達誠司

明治維新から第二次世界大戦まで、経済・外交における失政の連続により戦争への道に追い込まれ、国家の崩壊を招いた日本の軌跡を綿密に分析、「平成大停滞」以降に向けた指針を鮮やかに呈示した野心作。

第1回「河上肇賞」本賞受賞
四六上製 三三二頁 三六〇〇円
(二〇〇六年五月刊)
◇978-4-89434-516-4

なぜデフレ不況の底から浮上できないのか？

日本の「失われた二〇年」
（デフレを超える経済政策に向けて）

片岡剛士

バブル崩壊以後一九九〇年代から続く長期停滞の延長上に現在の日本経済の低迷の真因を見出し、世界金融危機以後の日本の針路を明快に提示する野心作。

第4回「河上肇賞」本賞受賞
第2回政策分析ネットワーク
シンクタンク賞受賞
四六上製 四一六頁 四六〇〇円
(二〇一〇年二月刊)
◇978-4-89434-729-8

「デフレ病」が日本を根元から蝕む

日本建替論
（一〇〇兆円の余剰資金を動員せよ！）

麻木久仁子・田村秀男・田中秀臣

長期のデフレのみならず、東日本大震災、世界的な金融不安など、日本が内外の危機にさらされる今、「増税主義」「デフレ主義」を正面から批判し、大胆な金融政策の速やかな実施と、日本が抱える余剰資金百兆円の動員による、雇用対策、社会資本の再整備に重点を置いた経済政策を提言する。

四六並製 二八八頁 一六〇〇円
(二〇一二年二月刊)
◇978-4-89434-843-1

消費税増税で日本経済はどうなる？

日本経済は復活するか

田中秀臣 編

「金融政策」「財政政策」「成長戦略」の「三本の矢」で構成される安倍内閣の経済政策（＝アベノミクス）。脱デフレ効果が現れ始めた矢先の消費税増税は、いったい何をもたらすのか？ 日本経済の不安定化の見通しと、それに対する必須の対策までを盛り込んだ、増税決定後、緊急刊行の必読論集！

四六並製 三四四頁 二八〇〇円
(二〇一三年一〇月刊)
◇978-4-89434-942-1

日韓関係の争点
(今、何が問題か。)

小倉和夫／小倉紀蔵／
小此木政夫／金子秀敏／
黒田勝弘／小針進／若宮啓文／
高銀 ＝ 跋　小倉紀蔵・小針進＊編

歴史認識、経済協力、慰安婦問題、安全保障、中国・米国等との国際関係……山積する問題の中で、日韓関係を打開する前に進むために、右・左の中だけの枠組みを乗越え、現在ありうる最高のメンバーが集結、徹底討議した貴重な記録！

四六並製　三四四頁　二八〇〇円
（二〇一四年一一月刊）
◇978-4-89434-997-1

北朝鮮とは何か
(思想的考察)

小倉紀蔵

東北アジアの歴史的"矛盾"北朝鮮を"思想的"に捉えると、思考停止の日本人に、今、何が見えてくるのか。「日朝交渉の問題にイニシアティブをとって取り組むことができるのは、無論日本しかない。北朝鮮との交渉をどう積極的に進めるかは、日本にとって、米国追従の戦後の歴史を果敢に変えてゆく大きな転換点となるだろう」。

四六上製　二二四頁　二六〇〇円
（二〇一五年三月刊）
◇978-4-86578-015-4

転換期のアジア資本主義

責任編集＝植村博恭・宇仁宏幸・磯谷明徳・山田鋭夫

植民地から第二次大戦後の解放、そして経済成長をへて誕生した「資本主義アジア」。グローバル経済の波をうけ、さらなる激変の時代を迎えるアジアの資本主義に、レギュラシオン理論からアプローチ。"豊かなアジア"に向かうための、フランス・中国・韓国の研究者との共同研究。

A5上製　五〇四頁　五五〇〇円
（二〇一四年四月刊）
◇978-4-89434-963-6

日本農業近代化の研究
(近代稲作農業の発展論理)

稲本洋哉

人口に比べて国土の狭い日本では、小農家族経営による、狭い耕地に肥料や労働を多く投入する"日本型集約農業"が江戸時代中・後期に成立し、他のアジア諸国を大きく上回る生産性を達成した。明治政府の勧農政策の要であるこの「集約農業」の生成と、明治期農業の「発展の論理」を明らかにする。

A5上製　三三六頁　四六〇〇円
（二〇一五年三月刊）
◇978-4-86578-019-2

"人間は森の寄生虫"

見えないものを見る力
（「潜在自然植生」の思想と実践）

宮脇 昭

"いのちの森づくり"に生涯を賭ける宮脇昭のエッセンス。「自然が発する微かな情報を、目で見、手でふれ、なめてさわって調べれば、必ずわかるようになる。『災害に強いのは、土地本来の本物の木です』。本物とは、管理しなくても長持ちするものです」（本文より）

四六上製　二九六頁　二六〇〇円
(二〇一五年二月刊)
◇978-4-86578-006-2
カラー口絵八頁

人類最後の日
（生き延びるために、自然の再生を）

宮脇 昭

未来を生きる人へ——「死んだ材料を使った技術は、五年で古くなりますが、いのちは四十億年続いているのです。私たちが今、未来に残すことのできるものは、目先の、大切ないのちに対しては紙切れにすぎない、札束や株券だけではないはずです。」（本文より）

四六上製　二七二頁　二二〇〇円
(二〇一五年二月刊)
◇978-4-86578-007-9
カラー口絵四頁

少年少女への渾身のメッセージ！

グリーンディール
（自由主義的生産性至上主義の危機とエコロジストの解答）

A・リピエッツ
井上泰夫訳

「一九三〇年代との最大のちがいは、エコロジー問題が出現したことである。（…）エコロジーの問題は、二重の危機だ。一方では、世界的な食糧危機、他方では気候への影響やフクシマのような事故をもたらすエネルギー危機だ。」（リピエッツ）

四六上製　二六四頁　二六〇〇円
(二〇一四年四月刊)
◇978-4-89434-965-0
GREEN DEAL
Alain LIPIETZ

現在の危機は金融の危機と生態系の危機

汝の食物を医薬とせよ
("世紀の干拓"大潟村で実現した理想のコメ作り)

宮﨑隆典

"世紀の干拓"で生まれた人工村で実現した、アイガモ二千羽による有機農法とは？ 日本の農業政策の転変に直撃された半世紀間、本来の「八十八」の手間をかけたコメ作りを追求し、画期的な「モミ発芽玄米」を開発した農民、井手教義の半生と、日本農政の未来への直言を余すところなく記す！

四六並製　二二四頁　一八〇〇円
(二〇一四年九月刊)
◇978-4-89434-990-2

秋田・大潟村開村五十周年記念